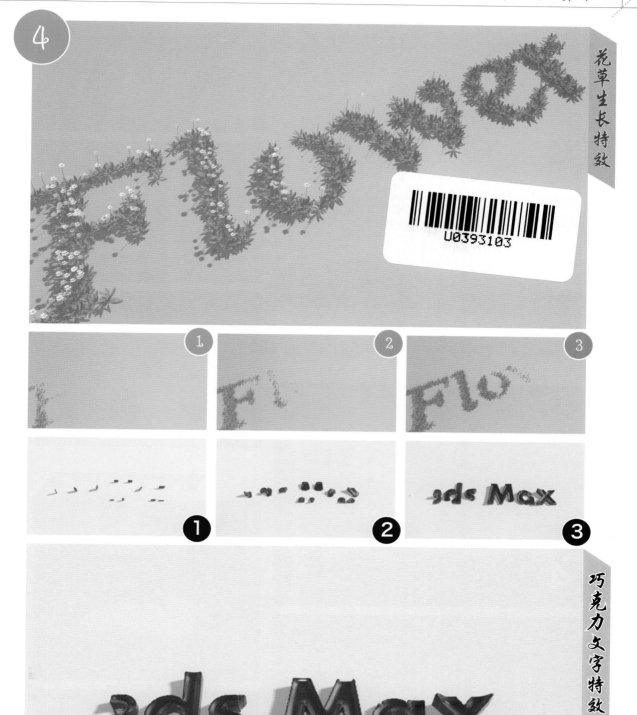

花草生长特效

巧克力文字特效

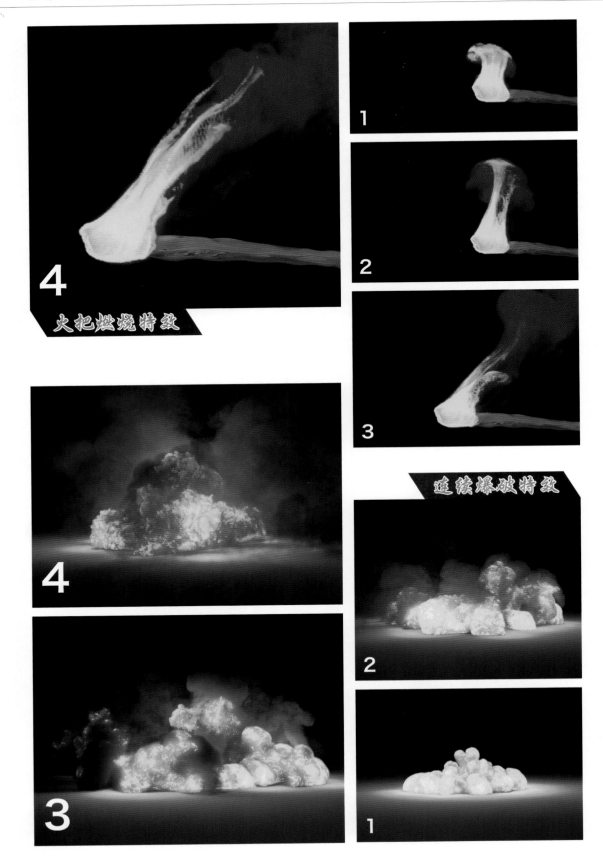

火把燃烧特效

连续爆破特效

游艇浪花特效

雨滴特写特效

破碎炸裂特效

1

2

3

4

1

2

3

4

饮料倾倒特效

渲染王

来阳 / 著

3ds Max

三维特效动画技术

清华大学出版社
北京

内 容 简 介

本书定位于三维动画制作中的特效动画领域，全面讲解了如何使用3ds Max 2016及相关插件Phoenix FD来制作三维特效动画，涉及到的效果包括生长、破碎、燃烧、爆炸、浪花、飞溅等。本书实例均为非常典型的三维特效动画表现案例，可用于建筑动画、栏目包装动画等特效动画的制作项目，全书内容丰富，章节独立，读者也可以直接阅读自己感兴趣或与工作相关的动画技术章节。

本书适合对3ds Max软件具有一定操作基础，并想要使用3ds Max来进行三维特效动画制作的读者阅读与学习，也适用于高校动画相关专业的学生学习参考。

图书在版编目 (CIP) 数据

渲染王 3ds Max 三维特效动画技术 / 来阳著 .—北京：清华大学出版社，2017 （2019.7重印）

ISBN 978-7-302-45867-8

Ⅰ . ①渲… Ⅱ . ①来… Ⅲ . ①三维动画软件 Ⅳ . ① TP291.41

中国版本图书馆 CIP 数据核字（2016）第 294606 号

责任编辑：陈绿春
封面设计：潘国文
责任校对：徐俊伟
责任印制：沈　露

出版发行：清华大学出版社
　　　　　网　　　址：http://www.tup.com.cn，http://www.wqbook.com
　　　　　地　　　址：北京清华大学学研大厦 A 座　　　　　邮　　编：100084
　　　　　社 总 机：010-62770175　　　　　　　　　　　　邮　　购：010-62786544
　　　　　投稿与读者服务：010-62776969，c-service@tup.tsinghua.edu.cn
　　　　　质 量 反 馈：010-62772015，zhiliang@tup.tsinghua.edu.cn
印 刷 者：北京鑫丰华彩印有限公司
装 订 者：三河市溧源装订厂
经　　销：全国新华书店
开　　本：188mm×260mm　　　印　张：16.25　　彩 插：2　　字　数：451 千字
　　　　　（附 DVD1 张）
版　　次：2017 年 5 月第 1 版　　印　次：2019 年 7 月第 3 次印刷
定　　价：89.00 元

产品编号：071157-01

前言

　　这是笔者编著的第5本3ds Max软件技术专业书籍，也是笔者花费时间和精力最多的一本书。一是因为之前所写的书籍大多是以3ds Max渲染技术为主，这一次突然决定要写特效动画技术，所以重新构思了图书的整体框架，以方便读者阅读学习；二是因为动画技术相较于单帧的图像渲染技术更加复杂。尤其是特效动画，动画师不仅要熟知所要制作动画的相关运动规律，还要掌握更多的动画技术，来支撑整个特效动画项目的完成。并且，在最终的三维动画模拟计算中，特效动画师还不得不在参数的设置上和动画结果的计算时间上寻找一个平衡点，尽量用最少的时间来得到一个较为理想的特效动画模拟计算结果。相信许多学习过图像渲染技术的读者都知道渲染一张高品质的三维图像需要多少时间，相似的是，三维特效动画模拟的计算时间也同样恐怖。

　　本书的章节中，详细介绍了需要使用到的插件技术。关于插件的认知，很多初学者最常提问的就是，学3ds Max是不是一定要学插件？答案是否定的。因为3ds Max软件本身的功能就很强大，也很完善，即使不用插件，3ds Max也可以制作出很多令人震撼的三维作品。那么，为什么3ds Max还有这么多其他公司或个人开发的插件呢？答案主要是便捷。不用插件，3ds Max也可以使用自身的PF粒子系统制作出非常漂亮的诸如火焰、水花的特效动画效果，但是涉及到的操作符命令数量比较庞大，不但将这些操作符组合起来非常麻烦，调试参数的过程也非常耗时。如果使用了插件，这一制作过程将被大大简化，用户可以在掌握少量命令及调试少量参数的条件下，亦能快速制作出高水准的特效动画效果，这无疑是令人振奋的。此外，在工作中，我也遇到过一些对插件技术持排斥态度的人，他们总觉得使用插件技术来制作动画是取巧的，不算真正的"硬功夫"。这是没有必要的，因为技术从来就不是越复杂越好，有简单实用的新技术，我们有什么理由去拒绝呢？

前言

　　本书共分为9个章节，动画技术上除了涵盖三维动画的基础知识，还涉及了粒子动画、MaxScript脚本动画、动力学动画等高级三维动画技术。此外，每一个章节都是一个独立的特效动画案例，所以，读者可以按照自己的喜好直接阅读自己感兴趣的章节来学习制作。

　　这是笔者在清华大学出版社出版的第3本"渲染王"系列图书，在这几本书的出版过程中，清华大学出版社的责任编辑陈绿春老师不辞辛劳地做了很多工作，在此表示诚挚的感谢。

来阳

2017年3月于长春

目录

第7章　连续爆破特效动画技术

第8章　饮料倾倒动画特效技术

第9章　火把燃烧特效动画技术

目录

第1章

三维特效动画概述

1.1 三维特效动画内涵

　　随着电脑动画制作技术的不断发展及动画师们对特效动画表现的不断研究，特效动画的视觉效果已经达到了真假难辨的程度。虽然本书是一本主讲三维特效动画制作技术的书籍，但是一开始，还是有必要介绍一下什么是三维特效动画。

　　提起特效动画，人们马上就会想当前影院里上映影片中的各种燃烧、爆炸、烟雾弥漫、山崩地裂等特效镜头，这些特效有些可以通过实拍获取，有些则无法实拍，只能通过计算机来进行三维特效动画制作。例如电影《2012》里的楼房倒塌镜头，是绝对无法去真的爆破几栋高层楼房来进行拍摄的，如图1-1所示。《复仇者联盟》里的钢铁侠盔甲动画镜头也没法去研发一个可以变形的飞行装甲，如图1-2所示。同样，电影《博物馆奇妙夜》中的火山爆发镜头和电影《霍比特人》中的火龙喷火镜头，也只能依靠高端三维特效动画制作技术来进行特效表现制作，如图1-3、图1-4所示。

图1-1

图1-2

图1-3

图1-4

　　三维动画是一门技术含量较高的动画艺术[1]。相较于艺术类专业里的大多数专业来说，动画是一门年轻的学科，也是一门正在成长的学科，随着计算机的普及，动画艺术作品已成为当前主要的流行文化载体[2]。三维动画根据不同的表现内容及行业标准可以分为建筑动画、角色动画、特效动画、片头动画等。世界著名的迪士尼动画公司在1930年时只有两名从事特效动画制作的员工，而在不到十年的时间内，该公司的特效部规模已达到百人以上。从1995推出的三维动画片《玩具总动员》开始，如图1-5所示，三维动画技术被广泛地应用到了迪士尼公司所生产的三维动画影片及真人动画影片中，同时，特效动画的制作技术也相应地完成了由手绘动画至三维计算机动画的转型发展。由此可见，就像大多数学科一样，特效动画也经历了一段从无到有、从被人忽视到备受瞩目的历史时期。

---

① 叶风.数字三维动画艺术创作的思考[J].装饰2007,(4):34-36.
② 吴冠英,叶风.动画教育要走在行业发展的前面[J].装饰2011,(1):122-124.

图1-5

毫无疑问，无论是想学好特效动画技术的动画师，还是想使用特效动画技术的项目负责人，首先，都必须给予三维特效动画技术足够的重视、肯定及尊敬。提起三维特效动画，人们首先想到的是制作方便、效果逼真。的确，使用计算机来制作特效动画，不再需要像传统的手绘一样去逐帧进行绘制，例如制作一段火焰燃烧动画，特效师只要在三维软件中进行一系列的参数设置，经过一段时间的计算机计算，电脑就会生成这一镜头每帧的火焰燃烧形态，这种使用电脑来计算动画结果的制作方式，让很多人误认为当今学习计算机动画很轻松，只要学习几个参数，就可以制作一段效果逼真的燃烧特效动画。但是，三维特效动画的制作真的如此简单吗？答案当然是否定的。电脑只是帮助动画师去计算火焰的形态，而制作火焰燃烧所需要的动画设置技术却远远比人们想象的要复杂得多。图1-6所示为Pete Draper（2008）在其著作《3ds Max经典教程高级篇——创作真实世界（第3版）》一书中，为读者讲解了使用3ds Max软件的"粒子流源"对象创建的效果极佳的火焰燃烧特效所使用的粒子结构设置图，在这里，粒子操作符的使用就多达52个，当然，这还不包括场景中复杂的灯光及材质设置技术[③]。

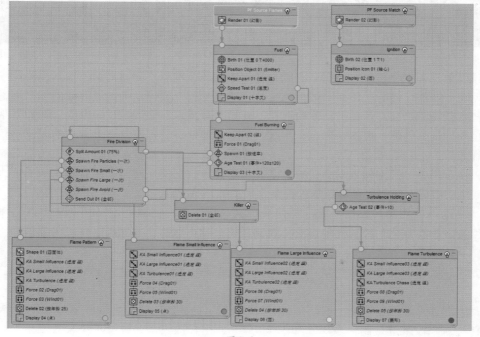

图1-6

③ Pete Draper. 3ds Max经典教程高级篇——创作真实世界（第3版）[M].北京：人民邮电出版社,2011.6-18.

　　早在20世纪80年代左右，计算机制图技术刚刚发展，工业光魔资深视觉特效师Dennis Muren想要将计算机制图技术应用于他们所拍摄的电影中时，但是由于不懂得计算机技术，由恐慌导致的否定情绪不断产生，使得这一计划遭到了很多电影人的强烈反对。使用电脑技术来代替传统的影片拍摄手法让很多技术转型的人心存不满，甚至担心自己将来会因此而失业。在纪录片《ILM-Creating the Impossible》中，工业光魔美术师Jean Bolte表示在刚刚进行计算机绘图技术的学习时，也曾遭到了大家的很多指责，但是，数码影像后来获取了整个模型部的认可，CG技术的广泛使用最终在电影里取得了很大的成功。在后来的日子里，工业光魔将胶片时代改写为全新的数字时代，并获取了15次奥斯卡最佳特效奖和23次奥斯卡提名，如图1-7所示。

图1-7

　　三维特效动画制作技术一直是三维软件学习中的一个难点，同时，这一技术也不仅限于之前所说的燃烧、爆炸、烟雾，还有诸如植物生长、建筑生长、破碎动画、变形动画等，都属于特效动画的技术范畴。那么，什么是特效动画呢？美国动画特效专家Joseph Gilland（2009）认为，特效动画是表现诸如地震、火山、闪电、雨水、烟尘、波浪、雪花等自然界存在的以及不存在的魔法等特殊效果的一门独立的艺术形式[4]。这一描述也基本上涵盖了本书所要制作和讲解的表现内容，所以在本书中，三维特效动画仅狭义定义为在计算机上使用三维动画软件制作燃烧、爆炸、浪花、液体、破碎、植物生长等特殊的视觉效果动画。

　　在各个动画公司中，三维特效部都是一个大杂烩部门，当其他部门遇到了难以制作的高难度动画镜头，最终都会一股脑儿地扔给特效部。每一种类型的特效动画制作技术都差异巨大，并且，就算是制作同一类型的特效动画，在三维软件中也需要掌握多种技术手法，才能满足不同的项目要求。所以，能在特效部坚持下来的动画师基本上每人都精通最高端、最前沿的三维动画技术。

　　仍然以制作火焰特效动画为例，在Autodesk公司出品的旗舰级动画软件Autodesk 3ds Max中，就有多种技术手段来进行制作表现。3ds Max最早为用户提供了一种使用"大气效果"来制作火焰的动画解决方案，这一技术设置简单，但是效果却差强人意，如图1-8所示。之后，三维艺术家

④　Joseph Gilland.动画特效的艺术：水火元素的魔力.1[M].北京：人民邮电出版社,2014.1-6.

们发现使用"喷射"粒子来制作火焰燃烧的动画效果也不错,并广泛将其应用于游戏动画制作当中,如图1-9所示。到了3ds Max 6这一版本,新增的"粒子流源"这一工具,使得三维艺术家们对粒子的设置又有了新的认识,图1-10所示为使用"粒子流源"对象创建的火焰燃烧特效,很显然这一效果看起来更为真实一些。另外,在3ds Max中,还可以使用第三方软件公司所生产的付费插件来制作火焰燃烧的效果,如图1-11所示。

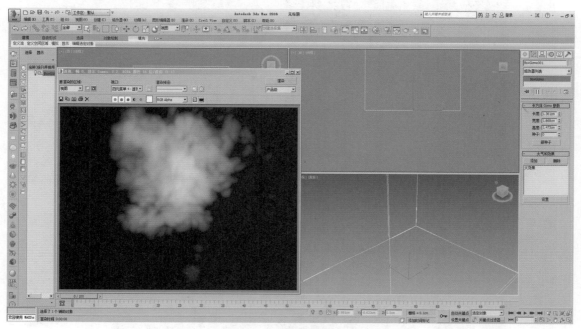

图1-8

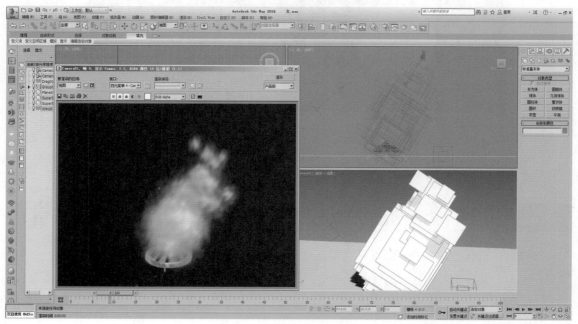

图1-9

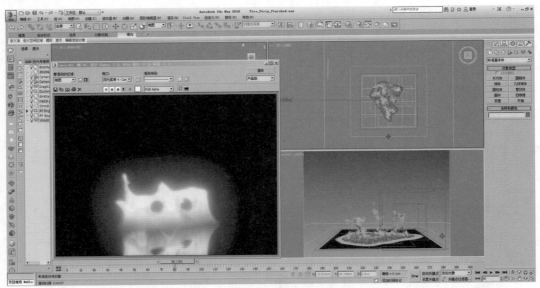

图1-10

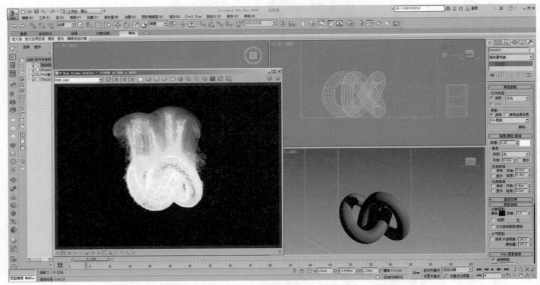

图1-11

1.2 三维特效动画的应用

三维特效动画技术如今已经发展得相当成熟，在各个行业的可视化产品中均起到画龙点睛的作用。

1.2.1 影视特效

当前，电影中的各种特效镜头正以非常密集的数量来吸引人们的眼球，可以说，没有特效镜头的影片就不算大片。在此基础上，一些著名的电影特效公司应运而生，例如大名鼎鼎的工业光魔（Industrial Light and Magic），从1977年《星球大战》成功以来，其电影特效技术已经代表了当今电影特效行业顶尖的制作水准，并于2005年获得了由美国总统布什所授予的国家最高科学技术奖，其代表作有《钢铁侠》《哈利波特》《变形金刚》《侏罗纪公园》等，如图1-12～图1-15所示。

图1-12

图1-13

图1-14

图1-15

1.2.2　建筑表现

建筑动画里也会出现一些表现雨天、雪天、四季变换等的特效动画镜头，这些动画镜头所表现出的天气状况，会让建筑表现具有别样的画面美感，如图1-16和图1-17所示。

图1-16

图1-17

不一定所有的特效动画都源于自然，例如建筑生长动画，建筑当然不可能像其他动画那样以一种很快的节奏配合激昂的背景音乐拔地而起，但是这一特效的确是建筑动画里的一个亮点。对于建筑特效动画组来讲，这一技术已经发展得非常成熟，大多数客户都希望在他们的动画影片中添加这样的一个特效镜头，来吸引观众的视线，如图1-18所示。

图1-18

1.2.3　栏目包装

栏目包装已经将文字类的特效动画用到了极致，例如文字组合、文字消散等动画，如图1-19所示。

图1-19

1.2.4　游戏动画

在游戏中，特效动画的应用已经达到了一个惊人的程度，无论是射击游戏、角色扮演游戏，还是打怪升级的网络游戏，如果特效做得不好，直接会影响游戏的销售量，如图1-20和图1-21所示。

图1-20

图1-21

1.3　我们身边的特效镜头

要想制作出效果逼真的特效动画镜头，就必须对所要制作的效果充分了解。细心留意我们身边，就可以发现很多特效镜头，及时地将这些画面记录下来，对于学习制作特效动画意义非凡。美国特效动画专家Joseph Gilland和英国的3D艺术家Pete Draper都极力向读者推荐了使用参考照片来学习特效动画制作的重要性，他们在著作中分别向读者展示了大量自摄的火焰、水花、烟雾等参考照片[⑤]。

1.3.1　液体特效

我们每天都会接触到液体，从早上起床开始，洗脸、刷牙、早餐等，液体特效充斥着我们的日常生活。牛奶、咖啡、比萨上的芝士、小区里的喷泉，都可以作为我们进行液体特效制作时的参考素材，如图1-22所示。

图1-22

---

⑤　Joseph Gilland.动画特效的艺术：水火元素的魔力.2[M].北京：人民邮电出版社,2014.159-163.

当遇见阴雨天气时，我们也可以随手抓拍到精彩的特效画面，回去细细观摩，如图1-23所示。

图1-23

1.3.2 烟雾特效

工作闲暇之余的一支烟、工厂排放燃气的烟筒，都是用来制作烟雾特效极好的参考素材，如图1-24所示。

图1-24

1.3.3 燃烧特效

生活离不开火，厨房里的煤气灶、燃烧的蜡烛等，都可以让我们在近处安全地观察燃烧效果。此外，在制作燃烧特效时，还需要特别考虑火焰燃烧时对周围环境物体所产生的照明影响。例如色温较低的蜡烛火苗所产生的光照颜色总是介于黄色和红色之间，而色温较高的煤气灶所产生的光照颜色则显示成为蓝色，如图1-25所示。

图1-25

1.3.4　植物特效

春天，天气渐暖，植物开始抽芽开花，这时的植物叶片最嫩，花几天时间仔细观察植物的生长状态，可以使我们制作出更加真实、自然的植物生长动画，如图1-26所示。

图1-26

第2章

花草生长特效动画技术

2.1　效果展示及技术分析

　　植物类生长特效动画一直是3ds Max特效动画中的一个难点，如果制作精细，无疑会成为整部动画影片中的一个特效亮点。在动画的制作设计中，考虑到由于是对成片的众多物体对象进行动画设置，所以在制作技术上，首先考虑使用"粒子流源"进行制作。

　　本章的特效动画最终渲染效果如图2-1所示。

图2-1

2.2　制作叶片动画

　　01　打开场景文件，可以看到场景中为读者提供的用于制作单株植物生长动画的几个单体模型，分别有植物的叶片模型、植物的花瓣模型，以及一个花蕊模型，如图2-2所示。

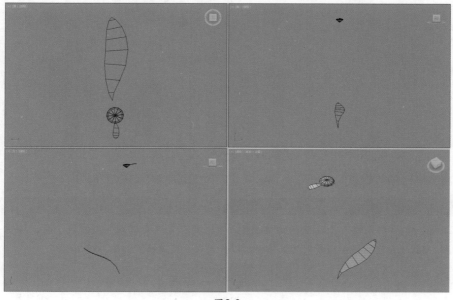

图2-2

02 在进行叶片的动画制作之前，首先应该调整好模型的轴心点，这对将来的动画设置至关重要。选择植物的叶片模型，在"层次"面板中，单击"调整轴"卷展栏内的"仅影响轴"按钮 仅影响轴 ，如图2-3所示。将叶片模型的轴调整到叶片模型的底部，如图2-4所示。

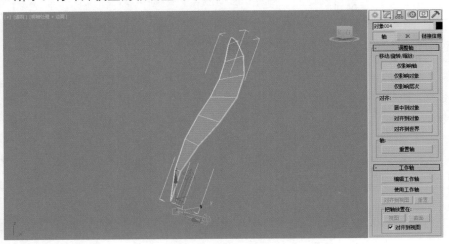

图2-3   图2-4

03 设置完成后，再次单击"仅影响轴"按钮 仅影响轴 ，结束对叶片模型轴心点的调整。

04 在"修改"面板中，为植物叶片模型添加一个"弯曲"修改器，如图2-5所示。

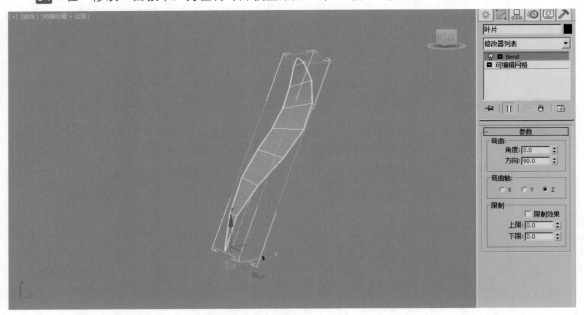

图2-5

05 单击"自动关键点"按钮，下面开始进行叶片动画的设置制作。

小技巧：

打开及关闭"自动关键点"按钮的快捷键为：N。当"自动关键点"功能激活时，按钮呈红色显示，说明3ds Max现在可以捕获场景中的数据更改以产生动画关键帧，如图2-6所示。

图2-6

06　将"时间滑块"按钮拖曳至场景中的第24帧，在"修改"面板中，展开"弯曲"修改器的"参数"卷展栏，设置"弯曲"组内的"角度"值为-54，"弯曲轴"的选项为Z，如图2-7所示。设置完成后，即可在"轨迹栏"内看到生成的动画关键帧，如图2-8所示。

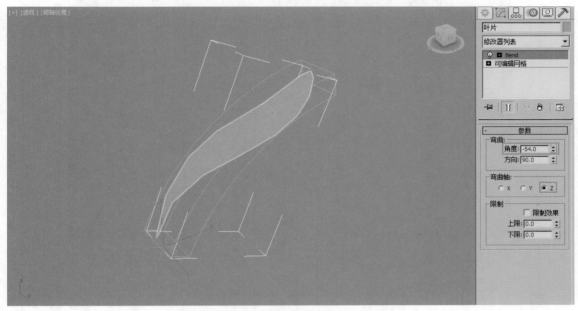

图2-7

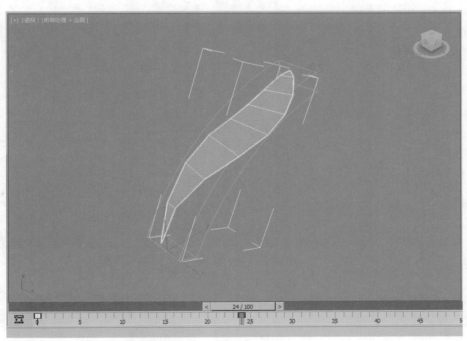

图2-8

07　在"轨迹栏"内，拖动第0帧的动画关键帧至第9帧，调整植物叶片生长的时间段，设置完成后，拖动"时间滑块"按钮，即可在视图中观察叶片的弯曲动画，如图2-9所示。

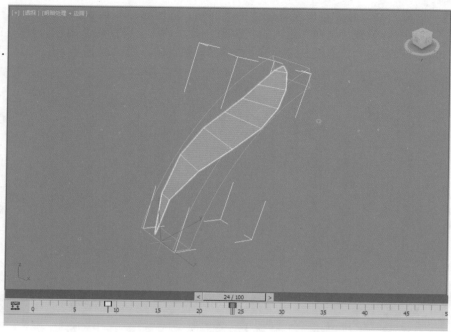

图2-9

08 将"时间滑块"按钮拖曳至第24帧,在"时间滑块"按钮上单击鼠标右键,即可弹出"创建关键点"对话框,如图2-10所示。

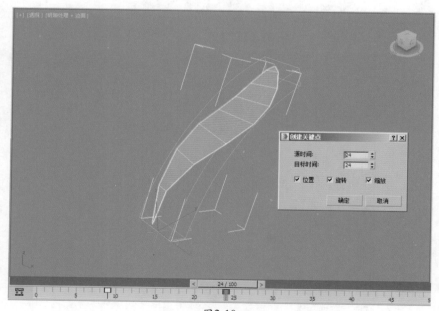

图2-10

09 在"创建关键点"对话框中,取消勾选"位置"和"旋转"选项,只保留"缩放"选项被勾选,单击"确定"按钮,即可在第24帧上添加植物叶片的"缩放"属性关键帧,如图2-11所示。

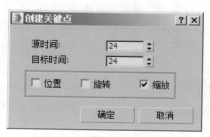

图2-11

10　将"时间滑块"按钮拖曳至第9帧，选择植物叶片模型，单击鼠标右键，在弹出的快捷菜单中单击"缩放"命令后面的"设置"按钮，如图2-12所示，即可打开"缩放变换输入"对话框，如图2-13所示。

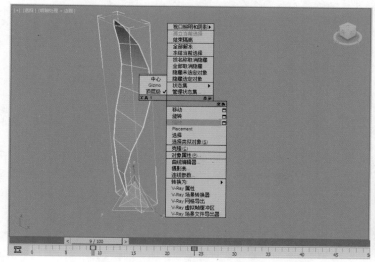

图2-12　　　　　　　　　　　　　　　　　　　　　　图2-13

11　在"缩放变换输入"对话框中，将"绝对：局部"组内的X、Y、Z值全部设置为0，设置完成后，关闭"缩放变换输入"对话框。这样便制作出了叶片的缩放动画，如图2-14所示。

图2-14

12　拖动"时间滑块"按钮，即可在视图中观察刚刚制作的叶片生长动画，如图2-15所示。

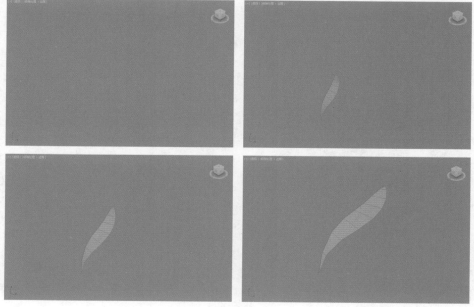

图2-15

13 按下Shift键，选择复制多个叶片模型，并随机调整叶片的缩放大小，完成单株植物的叶片动画制作，如图2-16所示。

图2-16

小技巧：

动画设置完成后，要记得关闭"自动关键点"按钮，不然，系统仍然会自动生成不必要的动画记录。

14 拖动"时间滑块"按钮，在视图中观察制作完成的叶片生长动画，如图2-17所示。

图2-17

2.3　制作花梗动画

2.3.1　制作花梗模型

01　在"创建"面板里，单击"圆锥体"按钮，在场景中的植物叶片位置处创建一个圆锥体，如图2-18所示。

图2-18

02　在"修改"面板中，设置圆锥体的"半径1"值为0.1，"半径2"值为0.08，"高度"值为17，"高度分段"值为14，"边数"值为6，如图2-19所示。

图2-19

03 在"修改器列表"中，为圆锥体模型添加"噪波"修改器，如图2-20所示，设置花梗的随机扭曲形态。

图2-20

04 展开"噪波"修改器的"参数"卷展栏，设置"噪波"组内的"比例"值为10，"强度"组内的X、Y值为6.0，Z值为0.0。如图2-21所示。

05 设置完成后，花梗的形态如图2-22所示。

图2-21

图2-22

2.3.2 制作花梗摇摆动画

01 在场景中选择花梗模型，在"修改器列表"中选择并添加"弯曲"修改器，如图2-23所示。

图2-23

02 在"修改"面板中，将鼠标移动至"弯曲"组内"角度"参数后的微调器上。单击鼠标右键，在弹出的快捷菜单中选择"在轨迹视图中显示"命令，如图2-24所示。即可弹出"选定对象"对话框，如图2-25所示。

图2-24

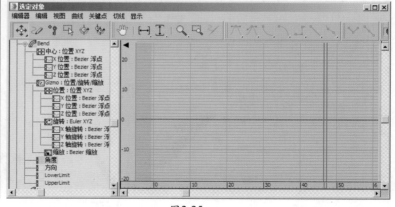

图2-25

03 在"选定对象"对话框中，将鼠标移动至"角度"属性上，单击鼠标右键，在弹出的快捷菜单中选择"指定控制器"命令，如图2-26所示。即可弹出"指定浮点控制器"对话框，如图2-27所示。

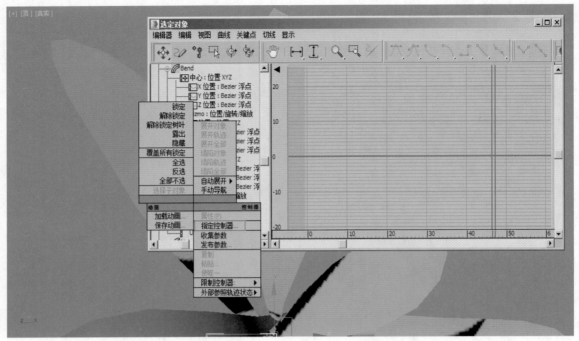

图2-26

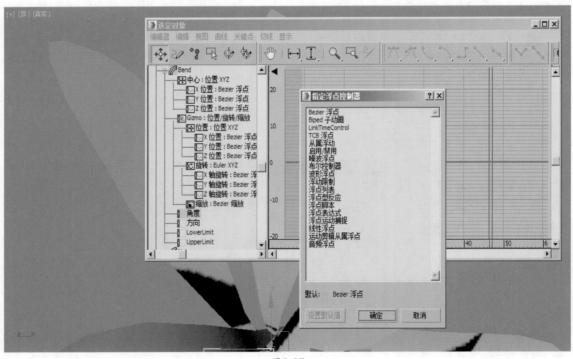

图2-27

04 在"指定浮点控制器"对话框中，选择"噪波浮点"命令，并单击"确定"按钮，如图2-28所示。即可弹出"噪波控制器"对话框，如图2-29所示。

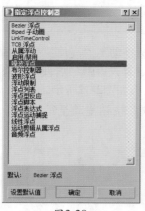

图2-28

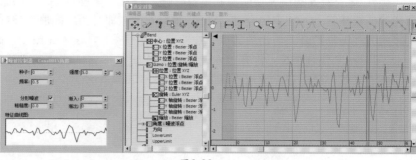

图2-29

05 在"噪波控制器"对话框中，设置"强度"值为16.15，并勾选">0"选项，如图2-30所示。

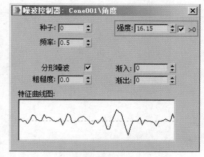

图2-30

06 设置完成后，拖动"时间滑块"按钮，即可在视图中观察花梗的摇摆动画。同时，在"修改"面板中，观察"弯曲"组内的"角度"参数已经变为灰色的锁定状态，如图2-31所示。

图2-31

小技巧：

并不是所有的动画都需要单独设置关键帧，在本小节所讲的动画设置中，通过使用控制器即可为对象设置动画，模拟出花梗迎风摇摆的姿态。

2.3.3　制作花梗生长动画

01　将"时间滑块"按钮拖动至第45帧，打开"修改"面板。将鼠标移动至"高度"参数后面的微调器按钮上，按下组合键：Shift+鼠标右键，即可为"高度"参数设置关键帧。这种设置关键帧的方式无需打开"自动关键点"按钮即可进行操作，设置完成后，面板如图2-32所示。

02　按下快捷键N，打开"自动关键点"记录设置。将"时间滑块"按钮拖动至第"20"帧，在"修改"面板中，设置"高度"值为0，如图2-33所示。

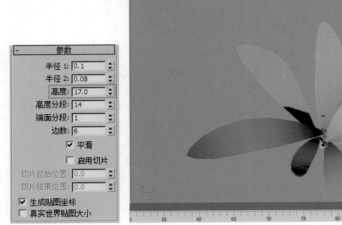

图2-32　　　　　　　　　　　　　　　　　　图2-33

小技巧：

　　制作植物生长动画应先考虑植物的生长顺序。在本例中，25帧以前设置的是植物的叶片生长动画，那么花梗的生长则适宜在第20帧左右开始进行设置。也就是说先长出叶片，再长出花梗，最后结出花骨朵，绽放花瓣。

03　拖动"时间滑块"按钮，在视图中观察制作完成的花梗生长动画，如图2-34所示。

图2-34

2.4　制作花瓣动画

2.4.1　制作花瓣绽放动画

01　在场景中选择植物的花瓣模型，参考前几节中讲解的方法，将花瓣的坐标轴更改至图2-35所示的位置处。

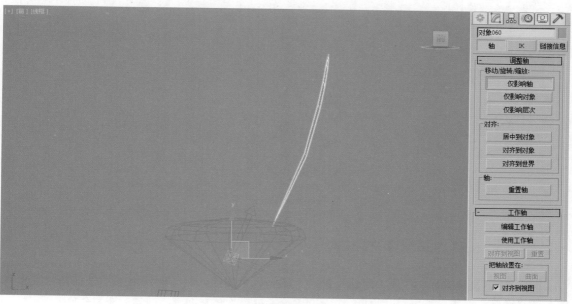

图2-35

02　在"修改"面板中，为花瓣模型添加一个"弯曲"修改器，如图2-36所示。

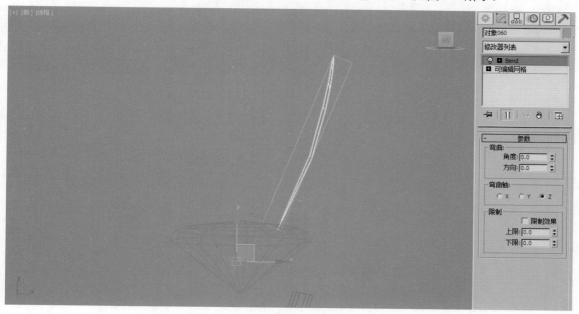

图2-36

03 将"时间滑块"按钮拖动至第48帧，在"修改"面板中，将鼠标移动至"弯曲"组内的"角度"参数后面的微调器上，按下组合键：Shift+鼠标右键，为"角度"参数设置关键帧，如图2-37所示。

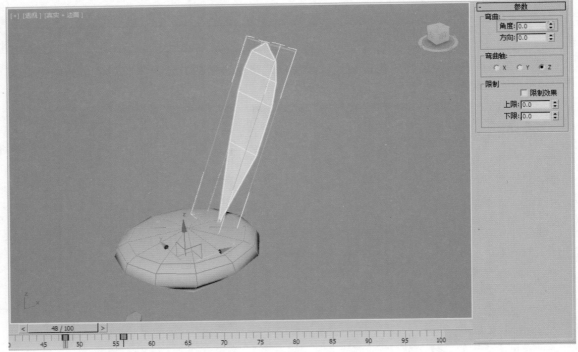

图2-37

04 按下快捷键N，打开"自动关键点"动画记录功能，将"时间滑块"按钮拖动至第56帧，在"修改"面板中，设置"角度"值为66.5，完成单片花瓣的绽放动画，如图2-38所示。

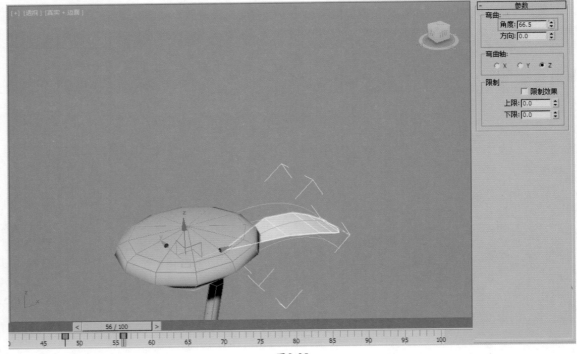

图2-38

05　再次按下快捷键N，关闭"自动关键点"功能。按下Shift键，围绕花蕊模型，以旋转复制的方式复制场景中的花瓣模型，如图2-39所示。

图2-39

06　微调每个花瓣的角度至图2-40所示，使得花瓣的形态看起来不那么一致，并在必要处，多复制几片花瓣模型。

图2-40

07　在"轨迹栏"内，选择每一片花瓣模型，随机调整"弯曲"修改器动画的关键帧位置，使得花瓣绽放的时间错落有致，看起来更加自然，如图2-41所示。

图2-41

小技巧：

　　调整"轨迹栏"内的关键帧位置时，是不需要开启"自动关键点"功能的。

08　调整完成后的花瓣关键帧在"轨迹栏"内的显示结果如图2-42所示，显得非常随机。

图2-42

2.4.2　花瓣的绑定设置

01　将"创建"面板切换至创建"辅助对象"面板，如图2-43所示。
02　单击"点"按钮，在场景中的任意位置处创建一个点对象，如图2-44所示。

图2-43

图2-44

03　选择点对象，执行"动画"→"约束"→"附着约束"命令，如图2-45所示。会从点对象上生成一条虚线，这时，在场景中选择所要附着的物体——花梗模型即可，如图2-46所示。

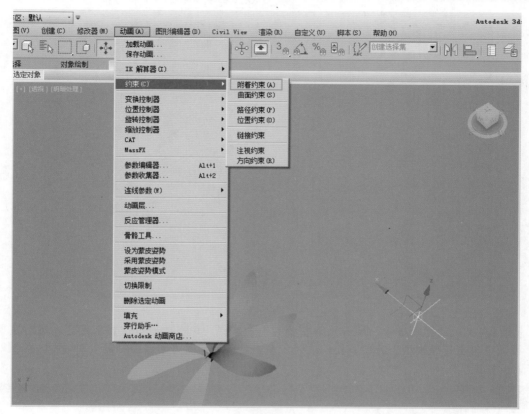

图2-45

图2-46

04 设置完成后，在视图中观察可以看到点对象已经附着于花梗模型上了，如图2-47所示。

图2-47

05 在"运动"面板中,展开"附着参数"卷展栏,单击"设置位置"按钮,然后在"透视"视图中单击花梗模型上方位置处,这时,系统会自动弹出"附着控制器"对话框,如图2-48所示。

图2-48

小技巧:

为对象设置"附着约束"时,一般是先将"时间滑块"按钮拖动至第0帧开始设置,这样就不会弹出"附着控制器"对话框询问用户是否设置动画。但是在本案例中,由于为花梗模型先制作了生长动画,所以只好在花梗生长完成以后的时间帧上来设置"附着约束"了。

06 在"附着控制器"对话框中，单击"是"按钮，即可完成点对象约束位置的调整。并且在"轨迹栏"上可以看到刚刚为点对象设置附着约束所生成的关键帧，如图2-49所示。

图2-49

07 选择点对象，在"轨迹栏"上将第0帧的关键帧选中，单击鼠标右键，在弹出的快捷菜单中选择"删除选定关键点"命令，即可删除点对象第0帧的关键帧，如图2-50所示。

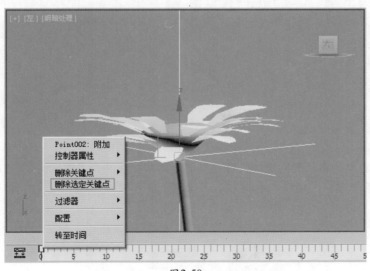

图2-50

08 在场景中，选择所有的花瓣模型和花蕊模型，将其移动至点对象位置处，如图2-51所示。

09 单击"主工具栏"上的"选择并链接"按钮，将花瓣模型和花蕊模型绑定至点对象上，如图2-52所示。

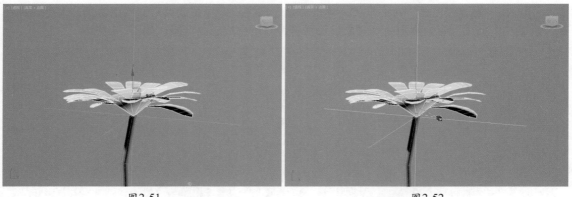

图2-51	图2-52

[10] 拖动"时间滑块"按钮,在视图中观察制作完成的花瓣绑定结果,如图2-53所示。

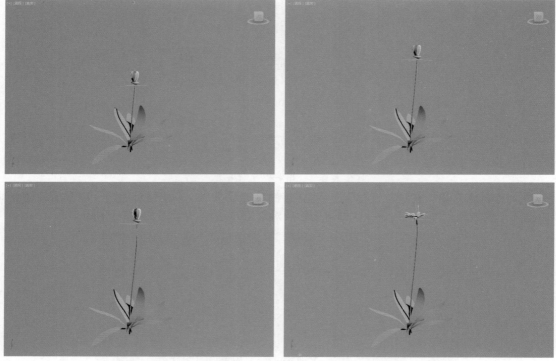

图2-53

[11] 选择点对象,将"时间滑块"按钮拖动至第56帧,并在"时间滑块"按钮上单击鼠标右键,弹出"创建关键点"对话框。取消勾选"位置"和"旋转"选项,并单击"确定"按钮,如图2-54所示。

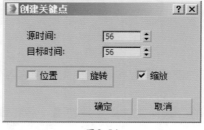

图2-54

12 按下快捷键N，开启"自动关键帧"功能。将"时间滑块"按钮拖曳至第48帧，选择点对象，单击鼠标右键，在弹出的快捷菜单里单击"缩放"命令后面的"设置"按钮，如图2-55所示。即可打开"缩放变换输入"对话框，如图2-56所示。

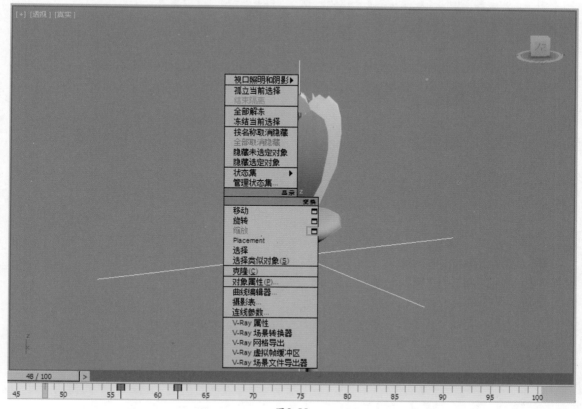

图2-55

图2-56

13 在"缩放变换输入"对话框中，将"绝对：局部"组内的X、Y、Z值全部设置为0，设置完成后，关闭"缩放变换输入"对话框。这样便制作出了点对象的缩放动画，进而会影响子对象——花蕊和花瓣模型，如图2-57所示。

图2-57

14 拖动"时间滑块"按钮，在视图中观察制作完成的花瓣动画效果，如图2-58所示。

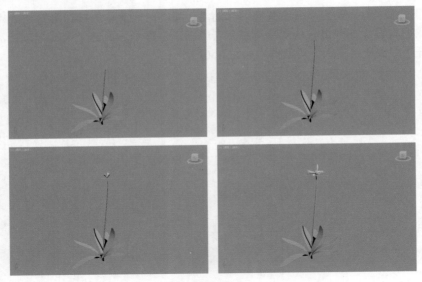

图2-58

15 将场景中的所有物体全部选中，执行"组"→"组"命令，如图2-59所示。

图2-59

16 将制作完成的单株植物组合，重新命名为"白花"，如图2-60所示。

图2-60

17　制作完成的"白花"在"轨迹栏"中显示的动画关键帧如图2-61所示。

图2-61

2.5　调整其他单株植物生长动画

2.5.1　调整小白花植物组合

01　在场景中选择"白花"组合，按下Shift键，以拖曳的方式复制出一个植物模型组合，并重新命名为"小白花"，如图2-62所示。

图2-62

02　执行"组"→"打开"命令，如图2-63所示。将"小白花"组合打开，这样可以单独选择组内的单个物体对象。

图2-63

03 选择花梗模型，将
"时间滑块"按钮拖动至第45
帧，如图2-64所示。

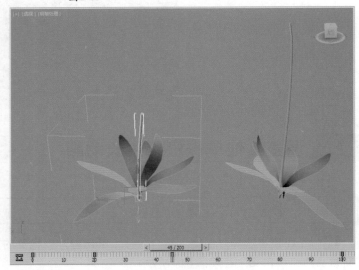

图2-64

04 按下快捷键N，打开"自动关键点"功能。在"修改"面板中，将花梗的"高度"值更
改为9.01，如图2-65所示。这样，这个"小白花"的植物组合生长的高度则会略矮一些。

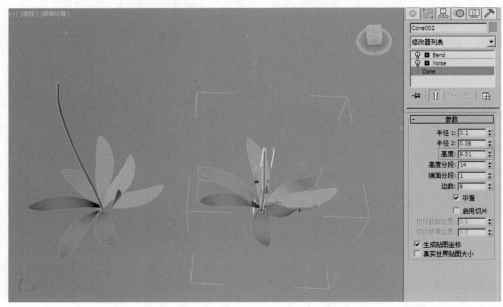

图2-65

05　再次按下快捷键N，关闭"自动关键点"功能。然后随机旋转"小白花"植物组合内的绿色叶片模型，设置完成后，执行"组"→"关闭"命令，将组合关闭，如图2-66所示。

图2-66

2.5.2　调整蓝花植物组合

01　按下Shift键，再次以拖曳的方式复制出一个"白花"植物组合，并将其重命名为"蓝花"，如图2-67所示。

图2-67

02　将"蓝花"植物组合打开，选择"蓝花"组合内的全部花瓣模型，如图2-68所示。

图2-68

03 按下快捷键M，打
开"材质编辑器"面板，将
"蓝色花瓣"材质赋予选择
的花瓣模型对象上，如图2-69
所示。

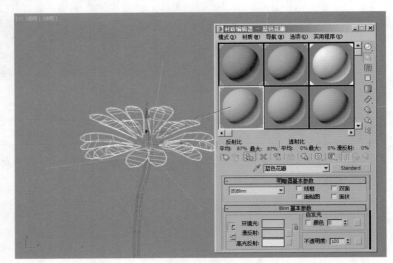

图2-69

04 设置完成后，关闭
"蓝花"植物组合，如图2-70
所示。

图2-70

2.5.3 调整草植物组合

01 按下Shift键，再次以拖曳的方式复制出一个"白花"植物组合，并将其重命名为"草"，如图2-71所示。

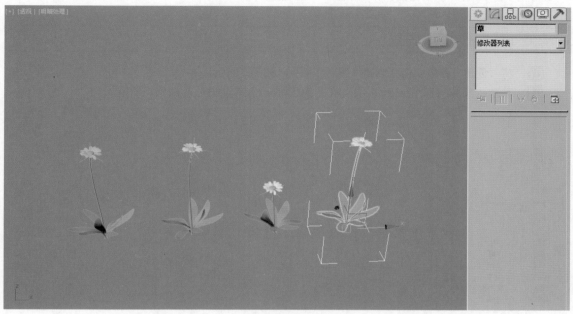

图2-71

02 将"白花"植物组合打开，选择"白花"组合内的全部花瓣模型、花蕊模型及花梗模型，按下Delete键将其删除掉，如图2-72所示。

图2-72

03 设置完成后，关闭"草"植物组合，这样场景中就制作完成了4株带有生长动画的植物组合，如图2-73所示。

图2-73

2.6 使用"粒子流源"制作花草群组生长动画

本案例制作的花草群组生长动画的最终结果，花草的生长范围为一个文字的区域，所以在开始进行粒子制作之前，我们先在场景中创建一个文字模型。

2.6.1 制作基本场景

01　将"创建"面板切换至创建"图形"面板，如图2-74所示。

02　单击"文本"按钮，在"顶"视图中创建一个文本图形，如图2-75所示。

图2-74　　　　　　　　　　　　　　　　　　　图2-75

03　在"修改"面板中，将"文本框"内的文字更改为：Flower，并设置文字的字体为"Times New Roman Italic"，如图2-76所示。

图2-76

04　设置完成后，在"修改器列表"中，为文本添加"编辑多边形"修改器，将文本图形转换为几何体对象，如图2-77所示。

图2-77

2.6.2 制作粒子动画

01 执行"图形编辑器"→"粒子视图"命令,打开"粒子视图"面板,如图2-78所示。

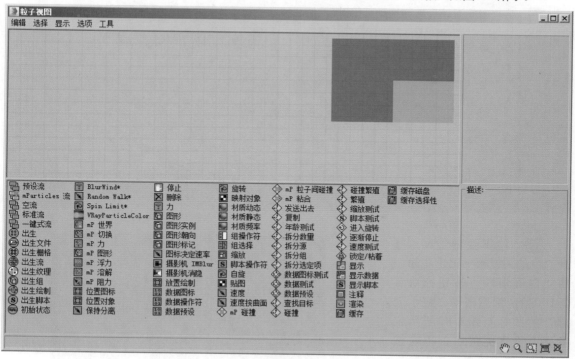

图2-78

02 在"粒子视图"面板下方的"仓库"中,选择"空流"操作符,并将其拖曳至"工作区"中,在右侧的"参数"面板中,展开"发射"卷展栏,设置"长度"值为80,"宽度"值为20,在"数量倍增"组内,设置"视口"值为100,"渲染"值为100,如图2-79所示。

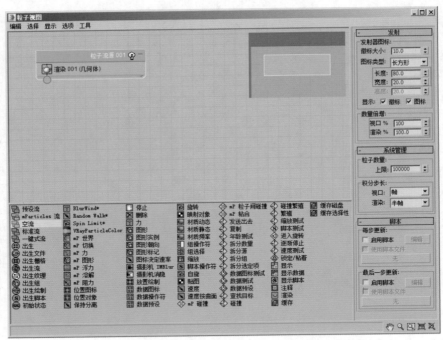

图2-79

[03] 设置完成后,在"透视"视图中观察,场景中已经有了"粒子流源"的图标,如图2-80所示。

[04] 将"时间滑块"按钮拖动至第0帧,然后移动"粒子流源"的图标至图2-81所示位置处。

图2-80

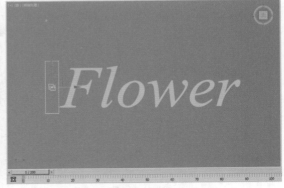

图2-81

[05] 按下快捷键N,打开"自动关键帧"记录功能。将"时间滑块"按钮拖动至第100帧,然后移动"粒子流源"的图标至图2-82所示位置处,设置完成后,再次按下N键,关闭"自动关键帧"功能。

图2-82

06 在"仓库"中，选择"出生"操作符，将其拖曳至工作区中作为"事件001"，并连接至"粒子流源001"上。在"参数"面板中，设置"出生"操作符的"发射开始"值为0，"发射停止"值为100，"数量"值为1000，即粒子在场景中从第0帧至第100帧这段时间内，一共发射1000个粒子，如图2-83所示。

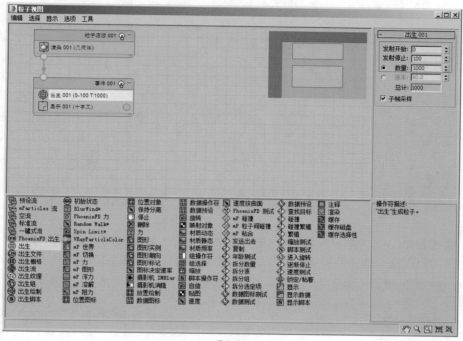

图2-83

07 在"仓库"中，选择"位置图标"操作符，将其拖曳至工作区中，并添加至"事件001"中，设置粒子从粒子的图标上进行发射，如图2-84所示。

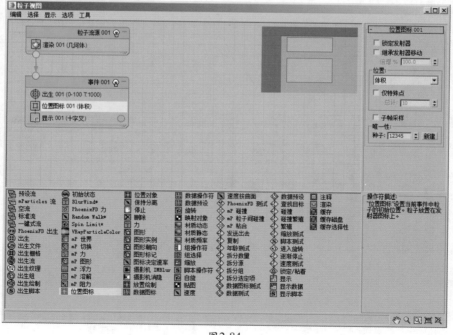

图2-84

08 将"创建"面板切换至创建"空间扭曲"面板，如图2-85所示。

09 单击"重力"按钮，在"顶"视图中创建一个重力，如图2-86所示。

图2-85　　　　　　　　　　　　　　　　　　图2-86

10 在"仓库"中，选择"力"操作符，将其拖曳至"事件001"中，在"参数"面板中，单击"添加"按钮 添加，选择场景中的重力，并添加进"力空间扭曲"文本框内，如图2-87所示。

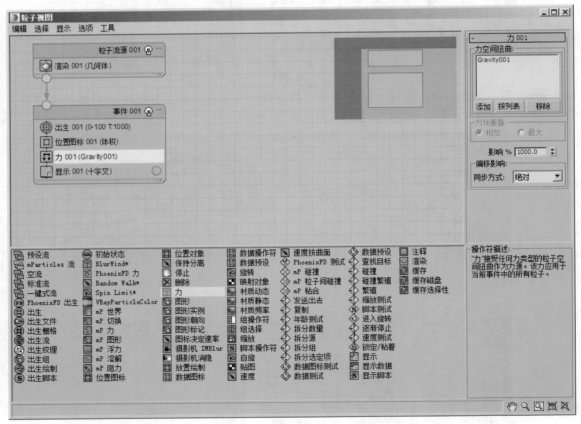

图2-87

11 单击"全导向器"按钮 全导向器，在"顶"视图中，创建一个全导向器，如图2-88所示。

图2-88

[12] 在"修改"面板中，单击"拾取对象"按钮，将场景中的文字模型添加进来，并设置"反弹"值为0，如图2-89所示。

图2-89

[13] 在"仓库"中，选择"碰撞"操作符，将其拖曳至"事件001"中，在"参数"面板中，单击"添加"按钮 添加 将场景中的全导向器添加至"导向器"文本框内，如图2-90所示。

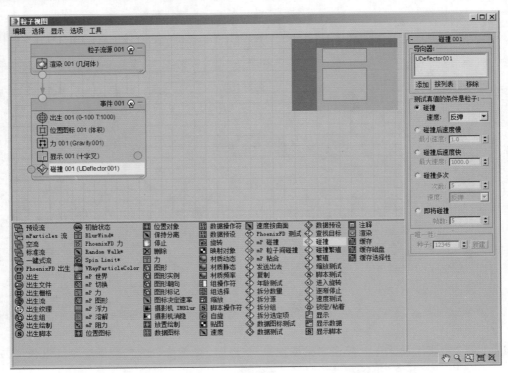

图2-90

[14] 移动"时间滑块"按钮,可以看到场景中的粒子从图标位置发射,受到重力影响,向场景下方掉落,当粒子降落至文字模型上时,粒子的位移停止,其余的粒子继续往下方掉落,如图2-91所示。

图2-91

[15] 在"仓库"中,选择"拆分数量"操作符,将其拖曳至工作区中,作为新的"事件002",设置"粒子比例"比率值为10,并将"事件001"和"事件002"连接起来,如图2-92所示。

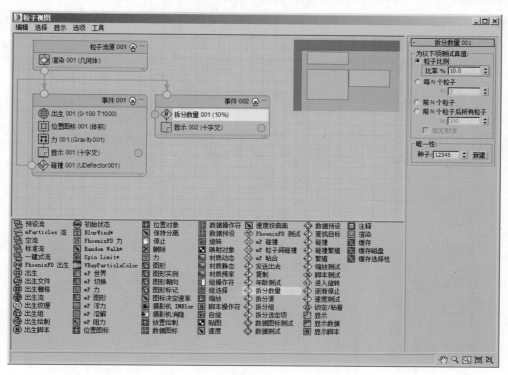

图2-92

16 在"仓库"中，选择"图形实例"操作符，将其拖曳至工作区中，作为新的"事件003"，在"参数"面板中将场景中的"白花"组合拾取进来，并将"事件002"和"事件003"连接起来，如图2-93所示。

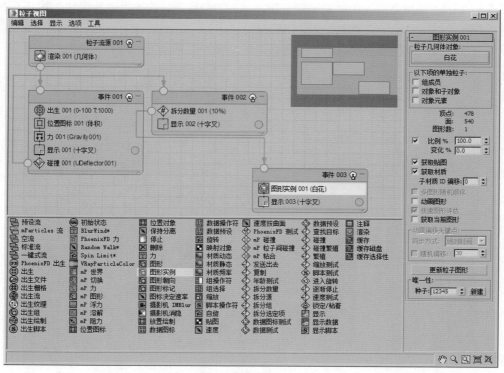

图2-93

17 单击选择"事件003"内的"显示"操作符，在其"参数"面板中设置显示的"类型"为"几何体"，如图2-94所示。

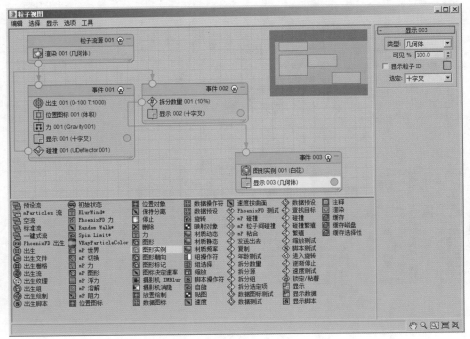

图2-94

18 单击选择"事件003"内的"图形实例"操作符，在"图形实例001"卷展栏内，设置"比例%"值为60，"变化%"值为20，勾选"动画图形"选项，在"动画偏移关键点"组中，设置粒子动画的"同步方式"为"粒子年龄"，如图2-95所示。拖动"时间滑块"按钮，在视图中即可观察粒子的动画结果，如图2-96所示。

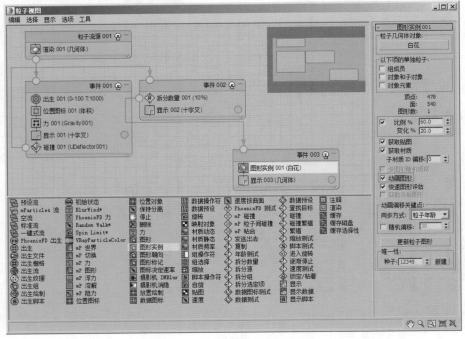

图2-95

图2-96

19　在"仓库"中选择"拆分数量"操作符，将其拖曳至"事件002"中，在其"参数"面板中，设置"粒子比例"的"比率%"值为10。由于工作区中的操作符逐渐增多，所以在添加新的操作符后，可根据需要，适当调整各个事件在工作区中的位置，如图2-97所示。

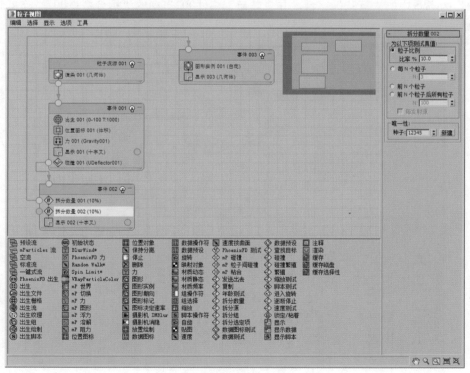

图2-97

20　选择"事件003"，按下Shift键，以拖曳的方式复制出一个新的事件，复制时，系统会弹出"克隆选项"对话框，选择"复制"选项，并单击"确定"按钮即可，如图2-98所示。复制完成后，"粒子视图"对话框如图2-99所示。

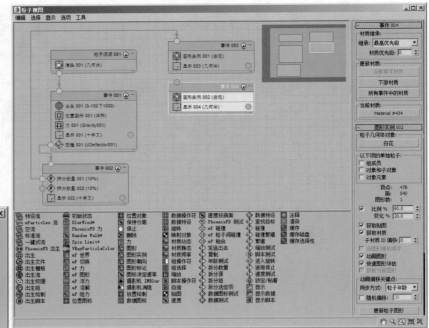

图2-98 图2-99

21 将"事件004"内的"图形实例"操作符选中，在其"参数"面板中，更改其"粒子几何体对象"为场景中的"蓝花"组合，并将其与"事件002"中的"拆分数量002"连接起来，如图2-100所示。

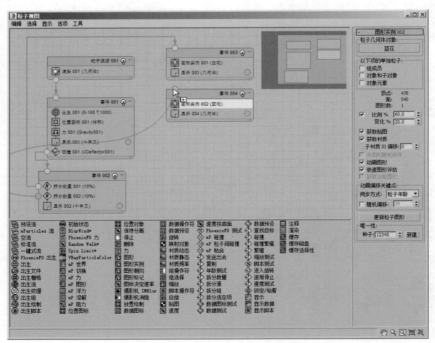

图2-100

22 参考以上操作，在"事件002"中再次添加"拆分数量"操作符，仍然设置其"粒子比例"的"比率%"值为10；再次复制"事件004"，更改其"图形实例"所拾取的对象为场景中的"小白花"组合，并将其连接起来，如图2-101所示。

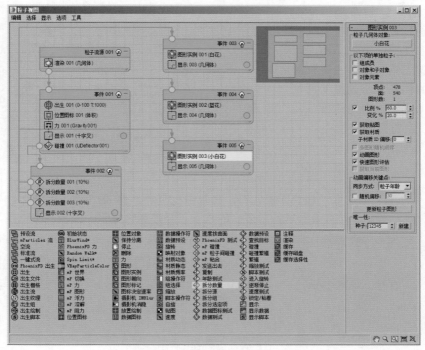

图2-101

[23]　参考以上操作，在"事件002"中再次添加第四个"拆分数量"操作符，设置其"粒子比例"的"比率%"值为70；再次复制"事件005"，更改其"图形实例"所拾取的对象为场景中的"草"组合，并将其连接起来，如图2-102所示。

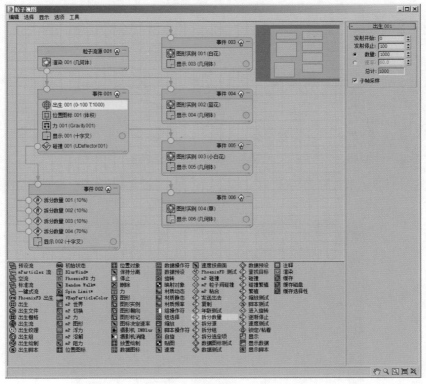

图2-102

24 拖动"时间滑块"按钮，可以看到场景中的粒子动画效果如图2-103所示。同时，可以发现场景中还存在着大量的无用的粒子，所以接下来，还需要考虑添加合适的操作符以删除多余的粒子。

图2-103

25 在"仓库"中选择"删除"操作符，将其拖曳至"事件001"中，如图2-104所示。再次拖动"时间滑块"按钮，即可看到场景中多余的粒子已经被删除掉了，如图2-105所示。

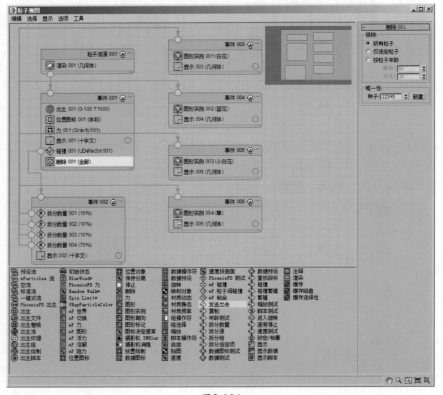

图2-104

图2-105

26 到这里粒子动画的设置已经基本完成，只是场景中文字模型区域内的植物数量太少，不太美观，所以，接下来，需要提高粒子的生成数量来达到一个较为密集的植物生长效果。单击"事件001"中的"出生"操作符，将其"参数"面板中的"数量"值设置为10000，如图2-106所示。场景中的动画显示效果如图2-107所示。

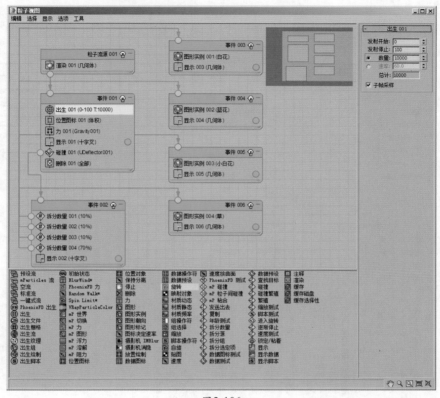

图2-106

图2-107

27 通过对动画场景进行观察，可以看到当前植物的生长形态较为规整，如图2-108所示。

图2-108

28 在"仓库"中选择"旋转"操作符,将其拖曳至"事件006"中,在其"参数"面板中设置"方向矩阵"的类型为"随机水平",如图2-109所示。再次观察动画场景,可以看到植物的生长方向变得随机,看起来更加自然,如图2-110所示。

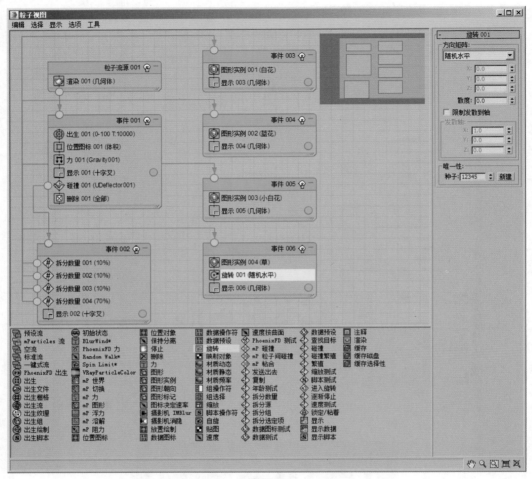

图2-109

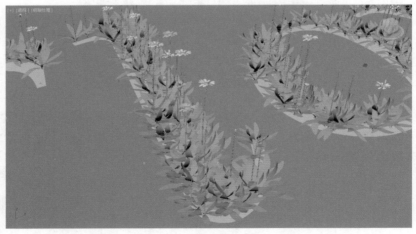

图2-110

29 本案例的粒子结构设置最终如图2-111所示,最终动画显示效果如图2-112所示。

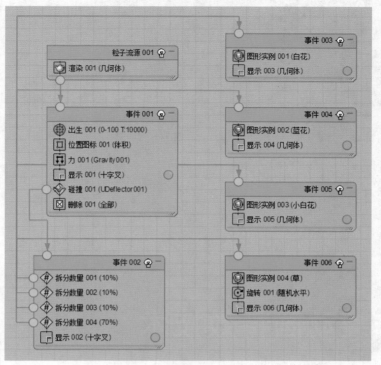

图2-111

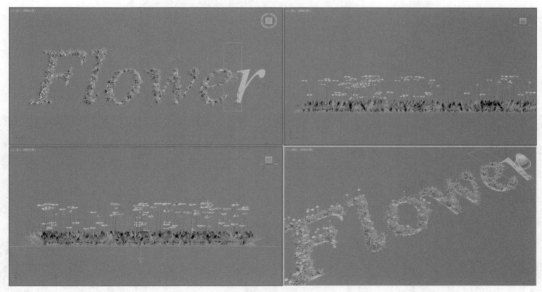

图2-112

第3章

破碎炸裂动画特效技术

3.1　效果展示及技术分析

　　本章主要为大家讲解如何在3ds Max中制作物体炸裂的动画特效，制作这一特效需要使用到国外的脚本网站（www.scriptspot.com）所提供的一个免费脚本插件，将3ds Max对象生成一定数量的碎块模型，在此基础上，使用脚本编程将这些碎块模型的网格数据和位置数据添加进"粒子流源"中，再进行炸裂的动画制作。

　　本章的特效动画最终渲染效果如图3-1所示。

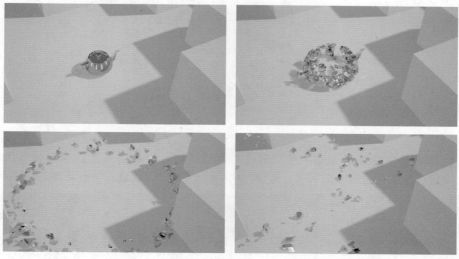

图3-1

3.2　场景介绍

　　01　打开场景文件，本场景文件为一个已经设置好材质的茶壶模型和简单的场景模型，如图3-2所示。

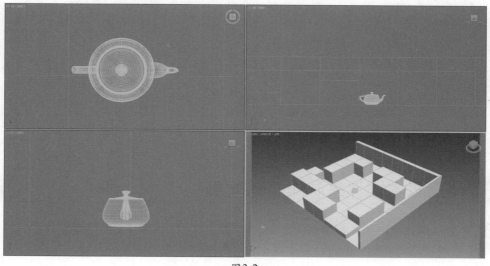

图3-2

02 执行"自定义"→"单位设置"命令，打开"单位设置"对话框，将"显示单位比例"设置为"厘米"，单击"系统单位设置"按钮，在弹出的"系统单位设置"对话框中设置"1单位=1毫米"，如图3-3所示。

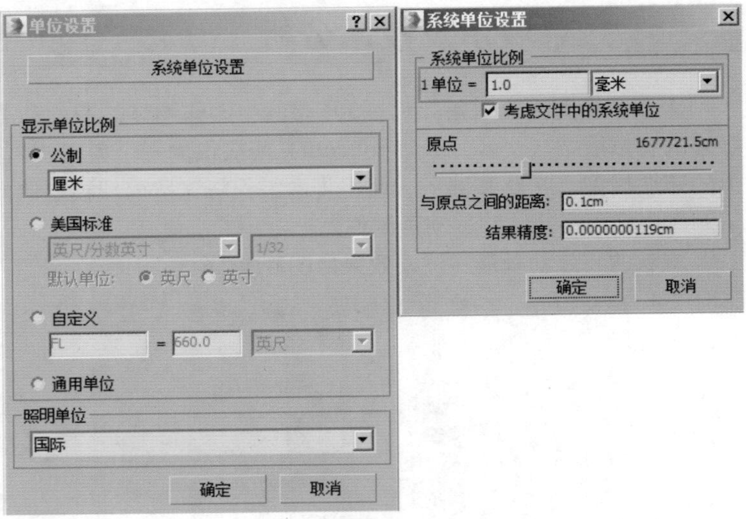

图3-3

03 选择场景中的茶壶模型，在"修改"面板中，可以看到当前的茶壶模型"半径"为2.768cm，比较符合现实中的茶壶尺寸，如图3-4所示，那么就可以进行下一环节的破碎制作了。

图3-4

3.3 使用脚本插件来制作破碎效果

01 执行"脚本"→"运行脚本"命令，如图3-5所示。在弹出的"选择编辑器文件"对话框中打开"FractureVoronoi_v1.1.ms"脚本文件，如图3-6所示。

图3-5

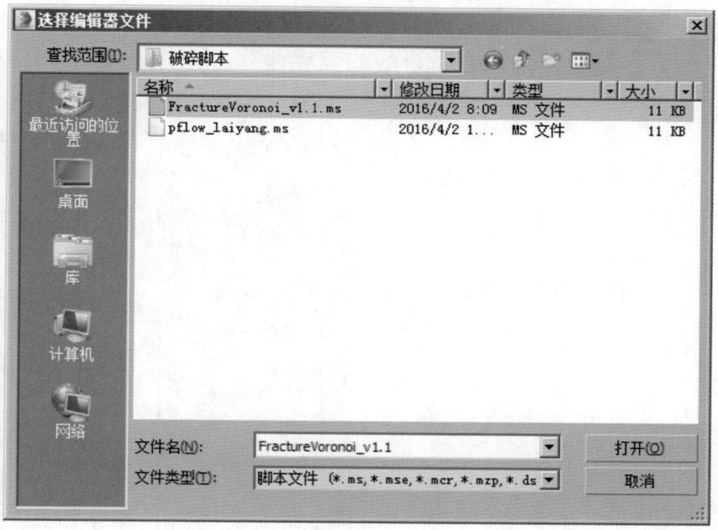

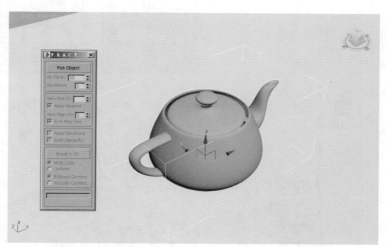

图3-6

02 运行成功后，即可弹出该脚本文件所自动生成的对话框，如图3-7所示。

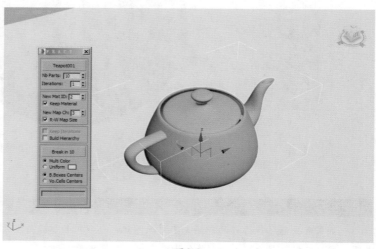

图3-7

03 在脚本对话框中，单击"Pick Object（拾取对象）"按钮，再在场景中单击茶壶模型，即可设置茶壶作为被炸碎的对象，同时，将激活该对话框中的所有命令，如图3-8所示。

图3-8

04 在脚本对话框中，设置"Nb Parts"值为100，按下Enter键确定后，单击"Break in 100"按钮，即开始进行茶壶的破碎计算，计算完成后，在对话框下方会显示出计算的耗时，如图3-9所示。

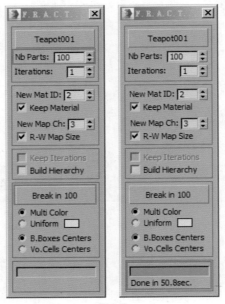

图3-9

05 经过一小段时间的计算，在"透视"视图中可以观察到新生成的茶壶碎片状况，如图3-10所示。

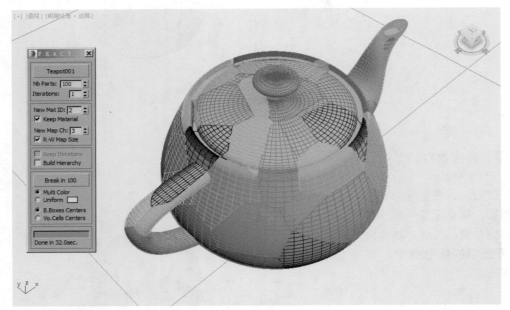

图3-10

小技巧：

　　如果需要将物体炸开的碎块大小更加随机，可以对物体进行多次炸开，这样做在计算上可以节省时间，同时还能更好地控制一个物体上哪个部分炸得更为粉碎。

06　选择单个碎片，重复上面的操作，最终茶壶的破碎形态如图3-11所示。

图3-11

07　在场景中选择所有茶壶碎块模型，执行"工具"→"重命名对象"命令，如图3-12所示。在弹出的"重命名对象"对话框中，设置"基础名称"为hu，并勾选"编号"选项，如图3-13所示。

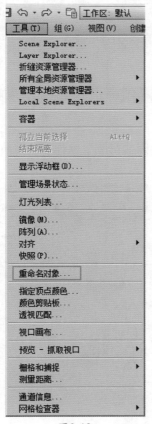

图3-12

图3-13

08　设置完成后，单击"重命名"按钮，将所有茶壶的碎块模型全部重新命名为hu开头的名称，这样有利于在接下来的脚本编程中读取这些碎块的相关信息。

3.4 使用"粒子流源"来制作动画

3.4.1 使用脚本来生成粒子

01 执行"图形编辑器"→"粒子视图"命令,打开"粒子视图"面板,如图3-14所示。

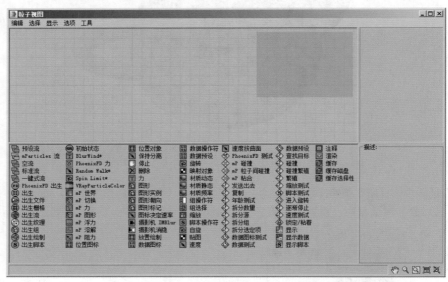

图3-14

小技巧:

"粒子视图"面板还可以通过按下快捷键6来打开。

02 在"粒子视图"面板下方的"仓库"中,选择"空流"操作符,并将其拖曳至"工作区"中,如图3-15所示。

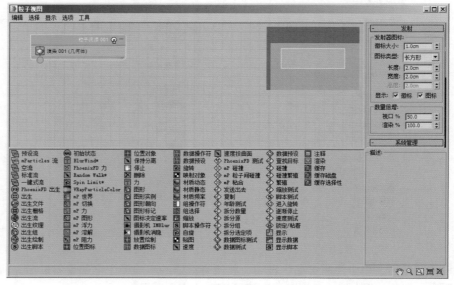

图3-15

03 在"粒子视图"面板中，执行"显示"→"描述"命令，如图3-16所示。关闭"粒子视图"面板中的"描述"区域，使得"参数"面板的显示区域增加，如图3-17所示。

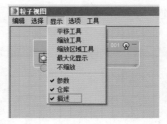

图3-16

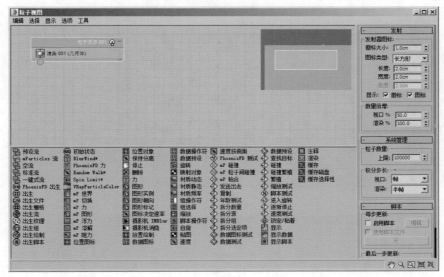

图3-17

04 在"仓库"中，选择"出生脚本"操作符，将其拖曳至工作区中，作为新的"事件001"，并将其连接至"粒子流源001"上，如图3-18所示。

图3-18

05 在"事件001"中选择"出生脚本"操作符,在"参数"面板中单击"编辑脚本"按钮,如图3-19所示。即可弹出"出生脚本"文本编辑器,如图3-20所示。

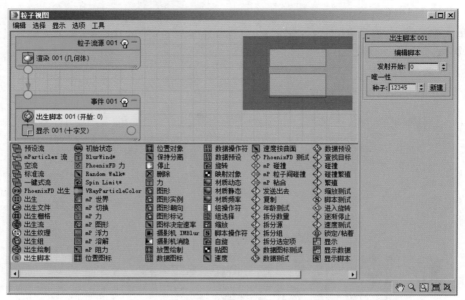

图3-19

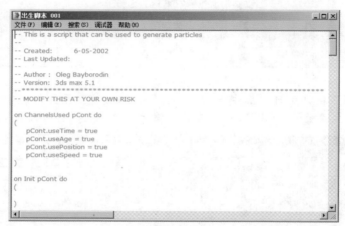

图3-20

06 在"出生脚本"文本编辑器中,需要对这里的程序语言进行改写,才可以使用场景中的茶壶碎块模型来作为粒子,从而实现茶壶破碎的动画效果。

07 在"出生脚本"文本编辑器中,删除所有的语句,然后重新输入以下语句:

```
on ChannelsUsed pCont do
(
    pCont.useAge = true
    pCont.useTM = true
    pCont.useShape = true
)
on Init pCont do
(
 global moxing = $hu* as array
```

```
)
on Proceed pCont do
(
        t = pCont.getTimeStart() as float
        if t < 0 do
        (
                NumChunks = moxing.count
          for i = 1 to NumChunks do
                (
                        pCont.AddParticle()
                        pCont.particleIndex = pCont.NumParticles()
                        pCont.particleAge = 0
                        pCont.particleTM = moxing[i].transform
                        pCont.particleShape = moxing[i].mesh
                )
        )
)
on Release pCont do
(
)
```

在on ChannelsUsed pCont do（）语句中，需要先写入：

pCont.useAge = true

pCont.useTM = true

pCont.useShape = true

通过以上语句来确定粒子的年龄、变换及形态属性，即将使用Maxscript语言来进行控制。

接下来，在on Init pCont do（）语句中，通过输入：

global moxing = $hu* as array

将场景中名称前缀为hu的对象放进一个新创建的变量moxing中。

在on Proceed pCont do（）语句中，输入：

```
NumChunks = moxing.count
     for i = 1 to NumChunks do
            (
                    pCont.AddParticle()
                    pCont.particleIndex = pCont.NumParticles()
                    pCont.particleAge = 0
                    pCont.particleTM = moxing[i].transform
                    pCont.particleShape = moxing[i].mesh
            )
```

其中，通过新创建的变量NumChunks来获取之前创建变量moxing里的数量值，之后通过for语句，来做一个循环计算，以场景中的茶壶碎块数量作为循环次数，开始创建单个粒子，并将场景中的每一个茶壶碎块对象的形状及变换数据读取进来，设置为该粒子的形状及出生位置。

08 设置完成后，"出生脚本"文本编辑器中的完整语句编写如图3-21所示。

09 在"出生脚本"文本编辑器中，执行"文件"→"全部求值"命令，这样，编写好的语句就执行完成了，如图3-22所示。

图3-21

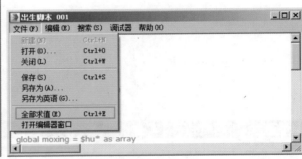

图3-22

10 运行完语句后，可以在"透视"中观察到新创建出来的粒子，如图3-23所示。

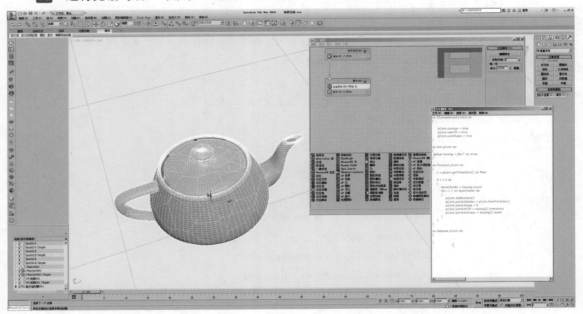

图3-23

3.4.2 创建爆炸动画

01 将"创建"面板切换至创建"空间扭曲"面板，如图3-24所示。

02 单击"粒子爆炸"按钮 粒子爆炸 ，在场景中创建一个"粒子爆炸"对象，如图3-25所示。

图3-24 图3-25

03 在"修改"面板中，设置"粒子爆炸"对象的"爆炸对称"选项为"柱形"，"强度"值为4，如图3-26所示。

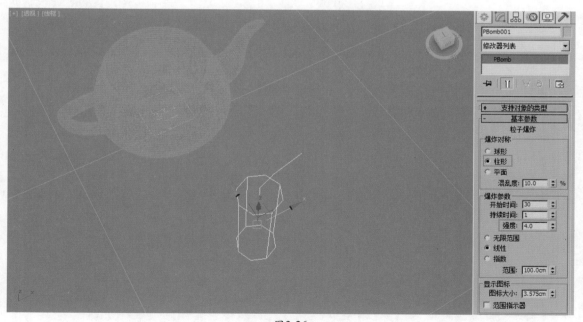

图3-26

小技巧：

"粒子爆炸"对象的"爆炸对称"选项有"球形""柱形"和"平面"3种类型，如图3-27所示，不同类型对爆炸碎片的方向会产生明显的影响。

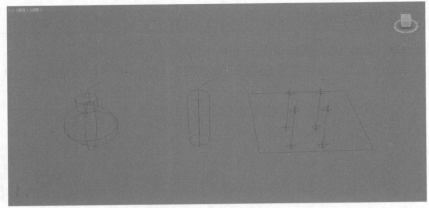

图3-27

04 在"顶"视图中，设置"粒子爆炸"对象的位置为茶壶模型的中心处，如图3-28所示。

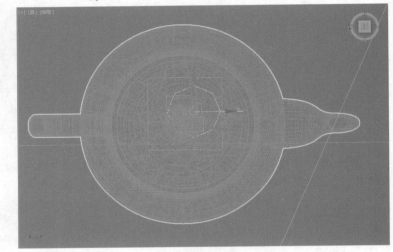

图3-28

05 单击"阻力"按钮 阻力 ，在场景中创建一个"阻力"对象，如图3-29所示。

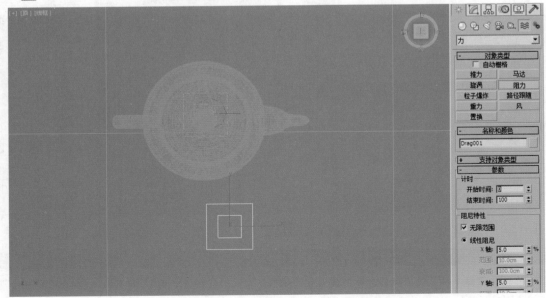

图3-29

06　回到"粒子视图"面板，在下方的"仓库"中，选择"力"操作符，将其拖曳至"事件001"中，如图3-30所示。

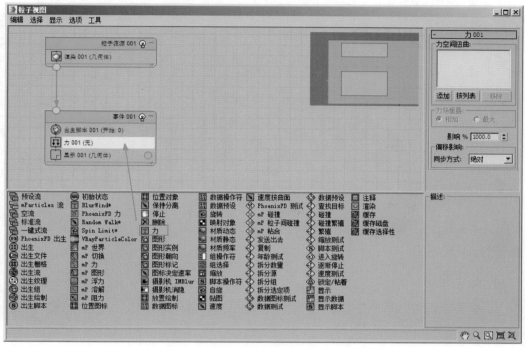

图3-30

07　在"粒子视图"面板右侧的"参数"面板中，单击"添加"按钮，将场景中刚刚创建的"粒子爆炸"对象和"阻力"对象分别拾取进来，如图3-31所示。

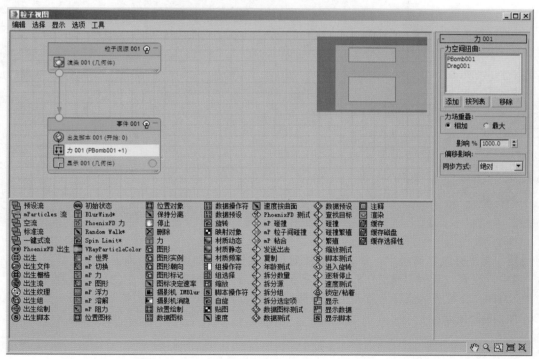

图3-31

08 设置完成后，拖动"时间滑块"按钮，即可在"透视"视图中观察茶壶的爆炸动画，图3-32所示为第31帧的粒子动画形态。

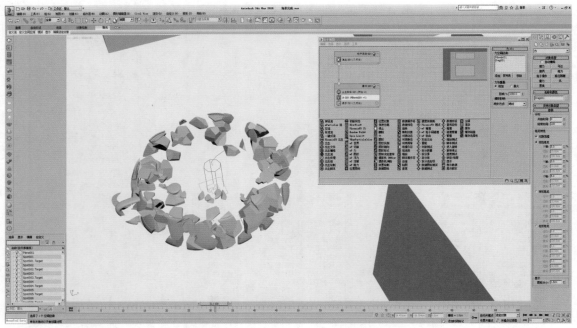

图3-32

09 将创建"空间扭曲"面板的下拉列表切换至"导向器"，如图3-33所示。

10 单击"全导向器"按钮，在场景中创建一个"全导向器"对象，如图3-34所示。

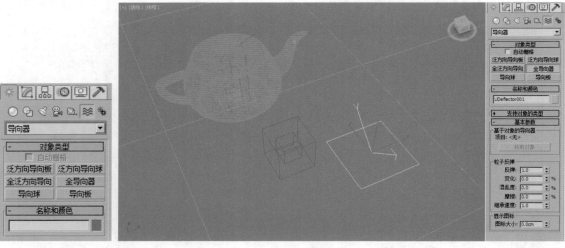

图3-33　　　　　　　　　　　　　　　　　图3-34

11 在"修改"面板中，单击"拾取对象"按钮，拾取场景中的地面模型，并在"粒子反弹"组中，设置"反弹"值为0.8，适当降低一些粒子与地面碰撞所产生的反弹力度，设置"变化"值为10，让粒子的反弹力度产生一个微弱的变化浮动，设置"混乱度"值为11，"摩擦"值为3，如图3-35所示。

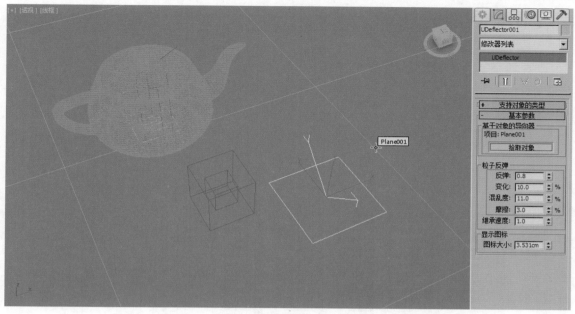

图3-35

12　回到"粒子视图"面板，在下方的"仓库"中，选择"碰撞"操作符，将其拖曳至"事件001"中，如图3-36所示。

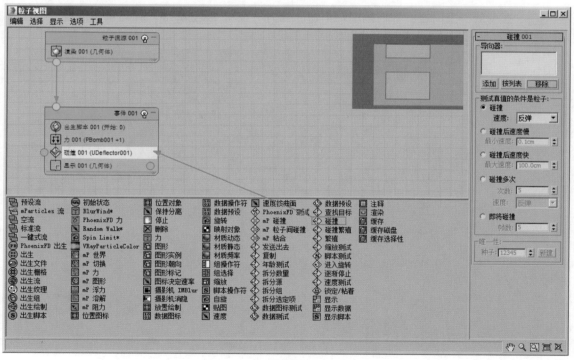

图3-36

13　在"粒子视图"面板右侧的"参数"面板中，单击"添加"按钮，将场景中刚刚创建的"全导向器"对象拾取进来，如图3-37所示。这样，当粒子与场景中的墙体产生碰撞后，就可以设置粒子进入下一个事件当中了。

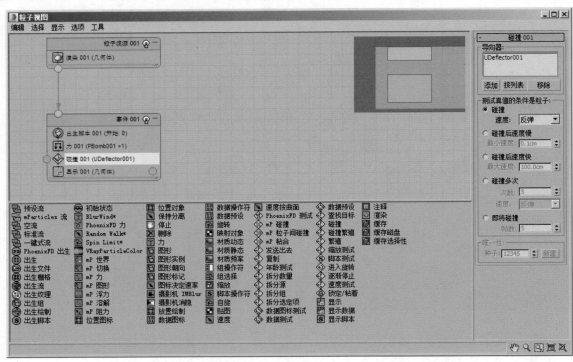

图3-37

14 在创建"空间扭曲"面板中，单击"重力"按钮 重力 ，在场景中创建一个"重力"对象，如图3-38所示。

图3-38

15 回到"粒子视图"面板，在下方的"仓库"中，选择"力"操作符，将其拖曳至"工作区"中，作为新的"事件002"，如图3-39所示。

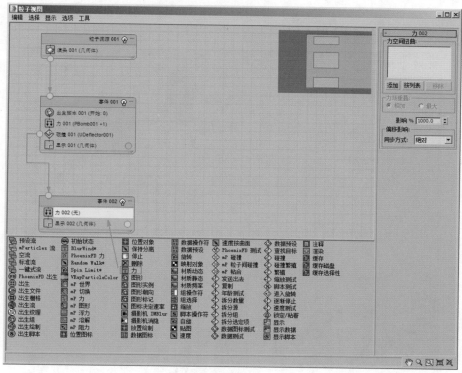

图3-39

16 在"粒子视图"面板右侧的"参数"面板中,单击"添加"按钮,将场景中的"重力"对象和"阻力"对象分别拾取进来,让粒子受到这两个力的影响,如图3-40所示。

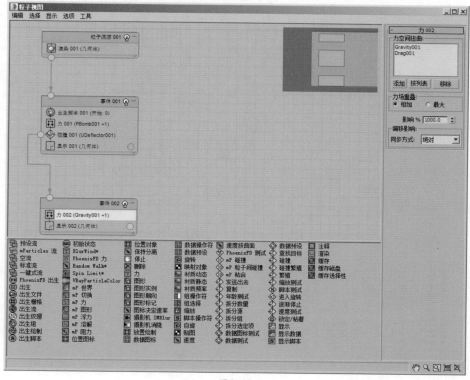

图3-40

17 选择"事件001"中的"碰撞"操作符，按下Shift键，以拖曳的方式复制一个"碰撞"操作符至"事件002"中，如图3-41所示。

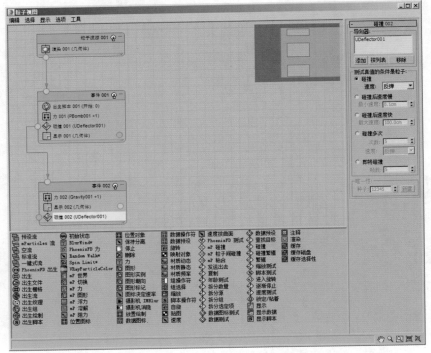

图3-41

18 在"粒子视图"面板中，选择"事件003"，按下Shift键，复制出5个"事件"，将它们依次连接，如图3-42所示。

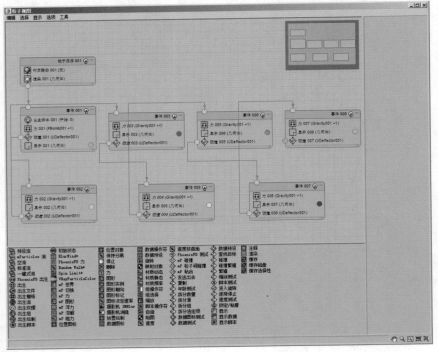

图3-42

19 修改不同"事件"的显示颜色，这样可以很方便地在"透视"视图中观察粒子在不同时间内进入不同"事件"中的碰撞情况，如图3-43所示。

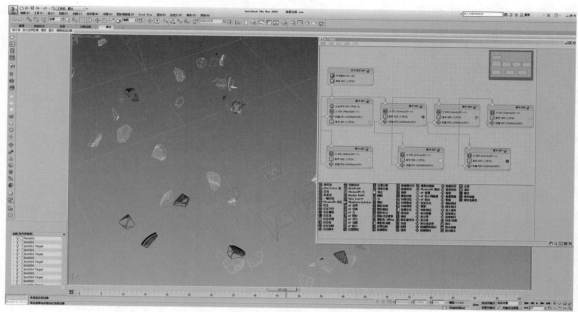

图3-43

在本例中，通过复制的方式复制了5个"事件"，主要是通过不同的显示颜色来查看粒子的碰撞情况，如果希望得到更多次数的碰撞动画，只需要将"碰撞"操作符的"测试真值的条件是粒子"组内的选项设置为"碰撞多次"即可，如图3-44所示。

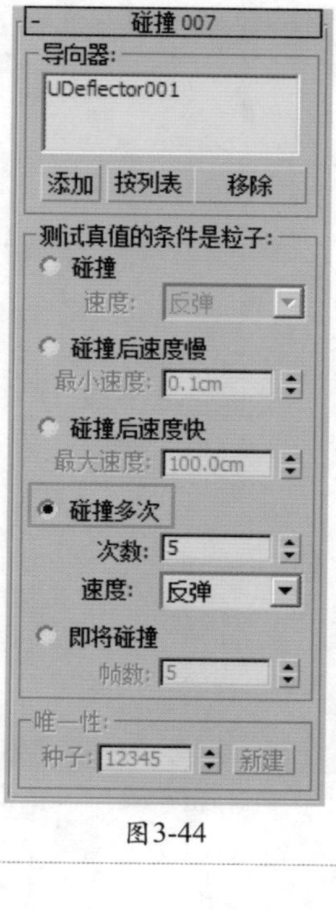

图3-44

20 在"仓库"面板中选择"停止"操作符，将其拖曳至"工作区"中，成为一个单独的"事件"，并将其连接至"工作区"中的"事件008"上，这样，所有的粒子经过多次碰撞最终停止下来，都会如图3-45所示。

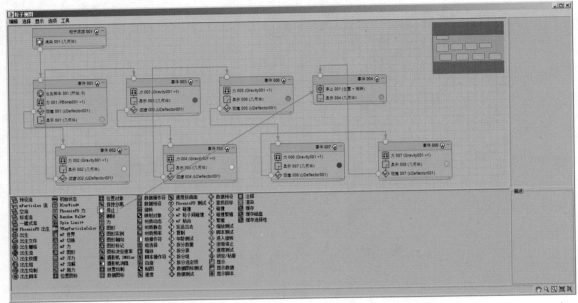

图3-45

21 这样，本章的动画就设置完成了。在"透视"视图中，拖动"时间滑块"按钮至第45帧，可以观察到粒子的碰撞效果，如图3-46所示。拖动"时间滑块"按钮至第80帧，可以观察到粒子的碰撞效果，如图3-47所示，从粒子的颜色可以推断，所有粒子均已进入到最终"事件"，并停止下来。

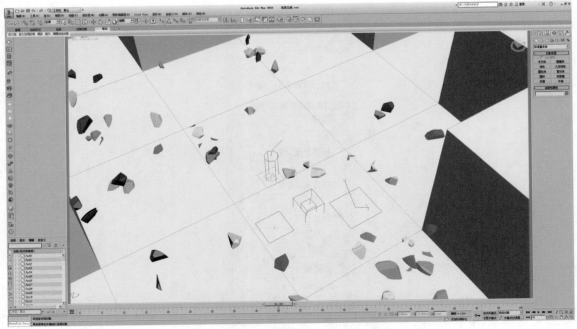

图3-46

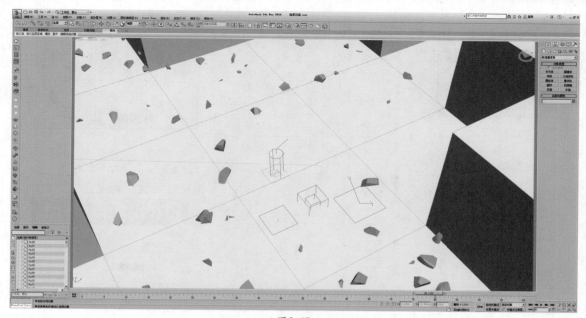

图3-47

3.4.3 设置粒子材质

01 接下来，为我们的茶壶碎片设置合适的材质。按下快捷键M，打开"材质编辑器"面板，如图3-48所示。

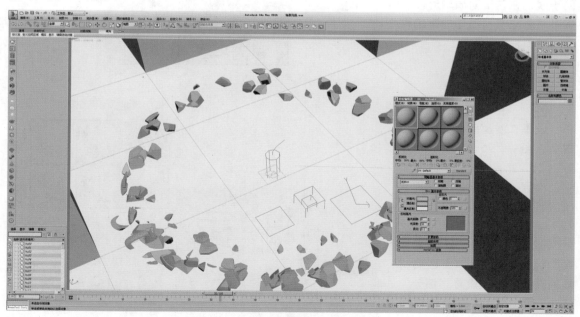

图3-48

02 选择一个空白的材质球，单击Standard按钮，在弹出的"材质/贴图浏览器"对话框中，将当前材质更换为VRayMtl材质球，如图3-49所示。

03 更换完成后，重新命名该材质球名称为"玻璃"，如图3-50所示。

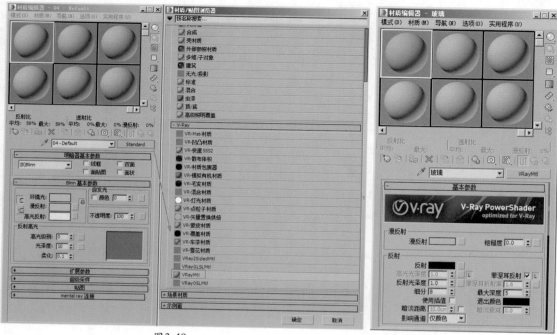

图3-49

图3-50

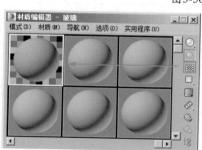

图3-51

04 在"材质编辑器"面板中,单击"背景"按钮,显示出材质球的背景,这样有助于我们在调试材质球时,观察不同参数对材质球的影响程度,如图3-51所示。

05 在"漫反射"组中,设置"漫反射"的颜色为白色(红:255,绿:255,蓝:255);在"反射"组中,设置"反射"的颜色为灰色(红:99,绿:99,蓝:99),取消勾选"菲涅耳反射"选项,设置"反射光泽度"值为0.9,制作出玻璃材质的高光效果;设置"细分"值为16,增加反射的计算精度,如图3-52所示。

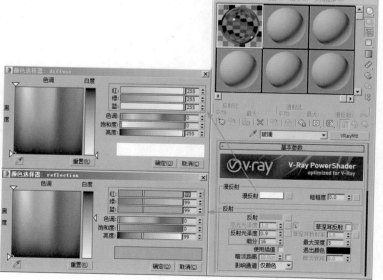

图3-52

06 在"折射"组中，设置"折射"的颜色为白色（红：255，绿：255，蓝：255），"细分"值为16，增加折射的计算精度，设置"烟雾颜色"为浅蓝色（红：164，绿：185，蓝：251），并勾选"影响阴影"选项，如图3-53所示。

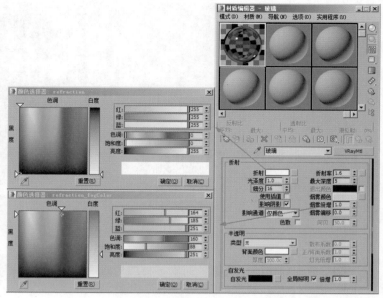

图3-53

07 按下快捷键6，打开"粒子视图"面板。在"仓库"面板中选择"材质静态"操作符，将其拖曳至"粒子流源001"中，为当前粒子系统添加材质，如图3-54所示。

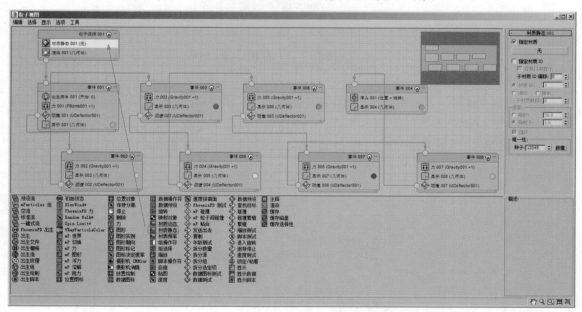

图3-54

08 将刚刚制作完成的玻璃材质以拖曳的方式指定到"材质静态"操作符中，如图3-55所示。

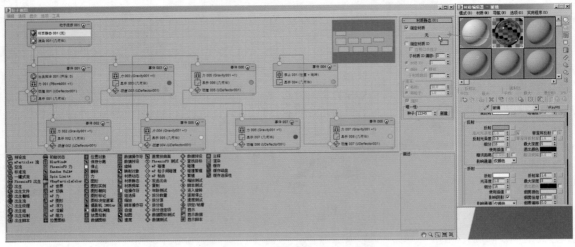

图3-55

09 并在弹出的"实例（副本）材质"对话框中，选择默认状态下的"实例"方法，单击"确定"按钮，完成材质的赋予，如图3-56所示。

图3-56

10 设置完成后，本案例的动画制作就全部完成了。读者可以尝试在不同角度来渲染破碎爆炸的静帧效果，如图3-57所示。

图3-57

第4章

雨滴特写特效动画技术

4.1　效果展示及技术分析

　　本章主要为大家讲解如何在3ds Max中制作雨滴打在窗玻璃上的动画特效。这一特效，需要使用"粒子流源"对象，并配合使用"水滴网格"对象来进行制作。在最终的动画输出前，还需要模拟出带有水雾效果的玻璃质感。

　　本章的特效动画最终渲染效果如图4-1所示。

图4-1

4.2　场景介绍

　　01　打开场景文件，本场景文件为大家提供的简单场景主要是一面带有玻璃的墙体模型，如图4-2所示。

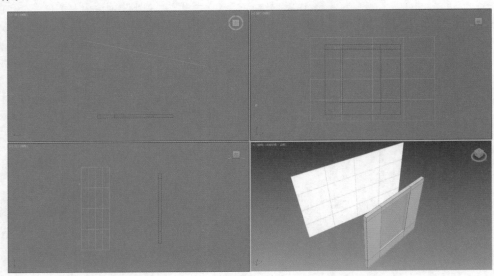

图4-2

02 执行"自定义"→"单位设置"命令，打开"单位设置"对话框，将"显示单位比例"设置为"厘米"，单击"系统单位设置"按钮，在弹出的"系统单位设置"对话框中设置"1单位=1毫米"，如图4-3所示。

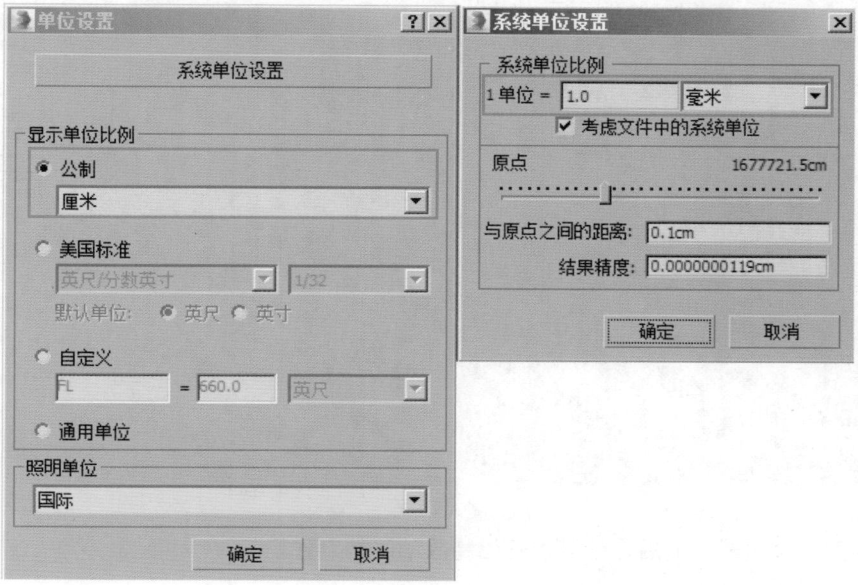

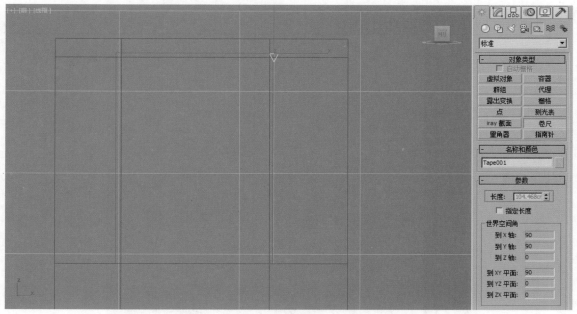

图4-3

03 将"创建"面板切换至创建"辅助对象"面板，单击"卷尺"按钮，在"前"视图中创建一个卷尺来测量玻璃模型的高度，在"参数"卷展栏中，即可以查看当前玻璃模型高度约为104.468cm，基本符合真实世界中的一块玻璃高度尺寸，如图4-4所示。

图4-4

04 再次单击"卷尺"按钮，在"前"视图中创建一个卷尺来测量玻璃模型的宽度，在"参数"卷展栏中，即可以查看当前玻璃模型宽度约为76.039cm，基本符合真实世界中的一块玻璃宽度尺寸，如图4-5所示。

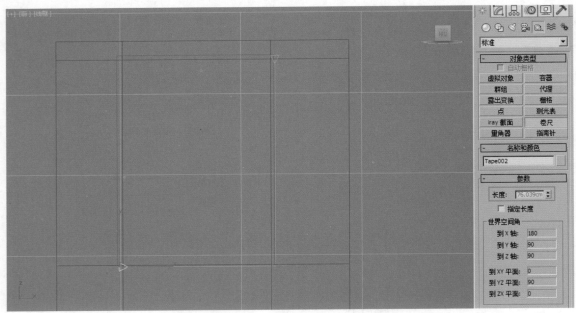

图4-5

05 模型尺寸检查完成后，就可以开始特效动画的制作了。

4.3 使用"粒子流源"来制作动画

4.3.1 创建雨滴的发射范围

01 执行"图形编辑器"→"粒子视图"命令，如图4-6所示。打开"粒子视图"面板，如图4-7所示。

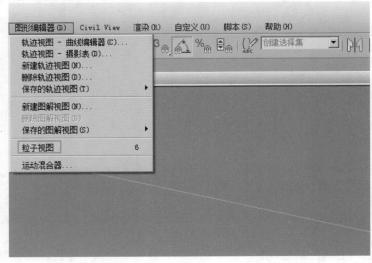

图4-6

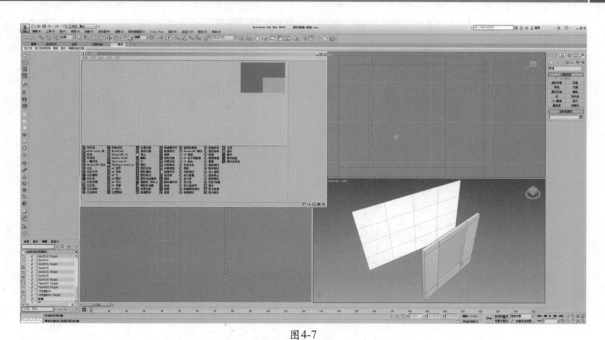

图4-7

02 在"粒子视图"面板下方的"仓库"中，选择"空流"操作符，将其拖曳至"工作区"中，如图4-8所示。

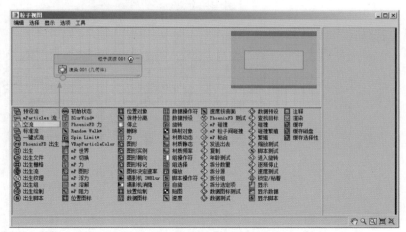

图4-8

03 在"粒子视图"面板中，单击选择"粒子流源001"，在右侧的"参数"面板中，设置"发射器图标"的"长度"值为15cm，"宽度"值为80cm，设置粒子的"视口%"值为100，使得场景中的粒子以100%的数量进行显示，如图4-9所示。

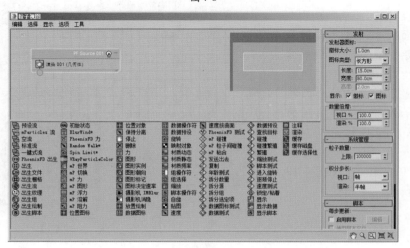

图4-9

85

04 在"透视"视图中,移动"粒子流源"对象的图标至图4-10所示的位置处。

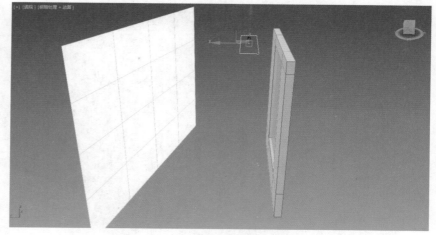

图4-10

05 在"仓库"中,选择"出生"操作符,将其拖曳至工作区中,作为新的"事件001",并将其连接至"粒子流源001"上,如图4-11所示。

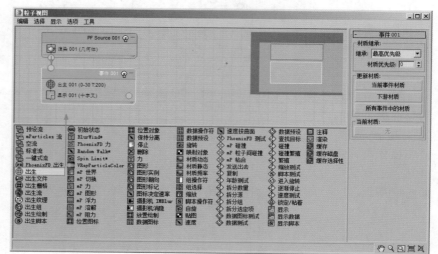

图4-11

06 在"事件001"中选择"出生"操作符,在"参数"面板中设置"发射开始"值为0,"发射停止"值为200,"数量"值为800,即粒子系统在第0帧至第200帧的时间段内,一共生成总数量为800的粒子,如图4-12所示。

图4-12

07 在"仓库"中，选择"位置图标"操作符，将其拖曳至"事件001"中，这样为当前的粒子指定了粒子的发射位置，如图4-13所示。

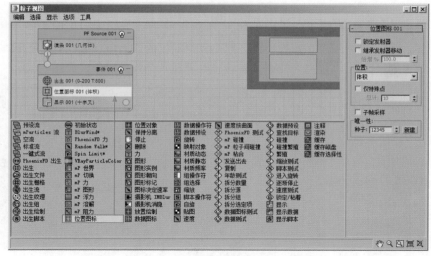

图4-13

08 在"事件001"中选择"显示"操作符，设置显示的"类型"为"线"，如图4-14所示。

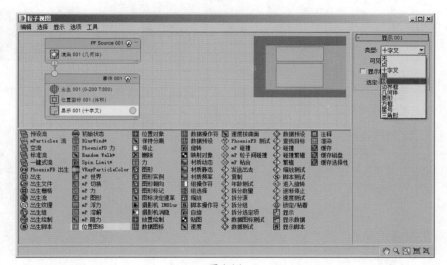

图4-14

09 拖动"时间滑块"按钮，在"透视"视图中可以看到，随着"时间滑块"移动，粒子图标上出现了越来越多的粒子，如图4-15所示。

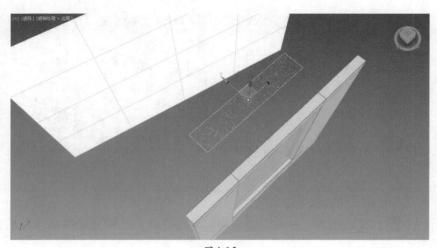

图4-15

87

4.3.2 制作雨滴下落动画

01 将"创建"面板切换至创建"空间扭曲"面板，如图4-16所示。

02 单击"重力"按钮，在场景中创建一个重力对象，如图4-17所示。

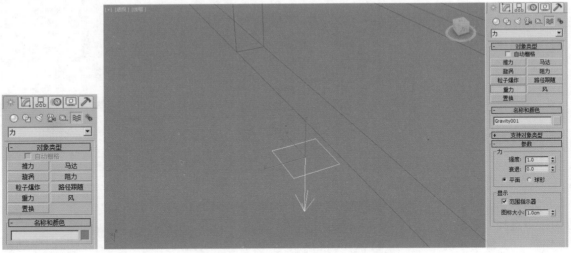

图4-16   图4-17

03 在"粒子视图"面板中，从"仓库"中选择"力"操作符，将其拖曳至"事件001"中，如图4-18所示。

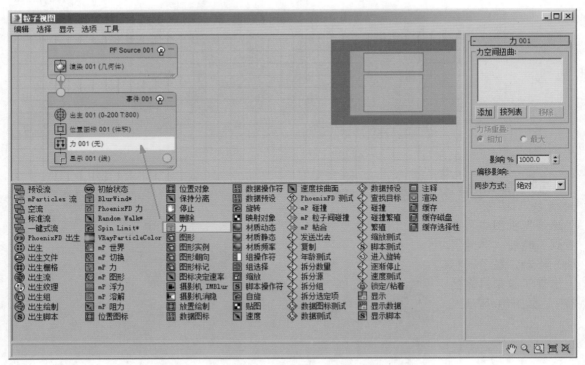

图4-18

04 在右侧的"参数"面板中，单击"添加"按钮，将场景中的重力对象拾取进来，如图4-19所示。

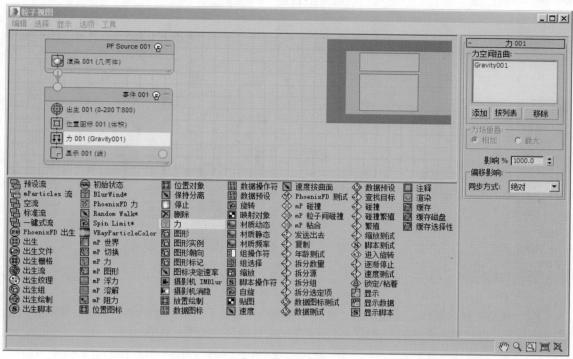

图4-19

05　单击"风"按钮，在场景中创建一个风对象，并调整其方向至图4-20所示。

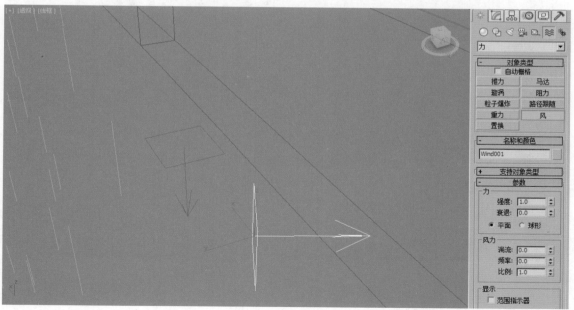

图4-20

06　在"修改"面板中，设置风的"强度"值为0.5，如图4-21所示。

07　选择"事件001"内的"力"操作符，以相同的方式将场景中的风对象拾取添加进来，如图4-22所示。

图4-21 图4-22

08 拖动"时间滑块"按钮，在"透视"视图中观察粒子，可以看到粒子在同时受到重力和风的影响下，以一种略微倾斜的方式穿过场景中的墙体模型，如图4-23所示。

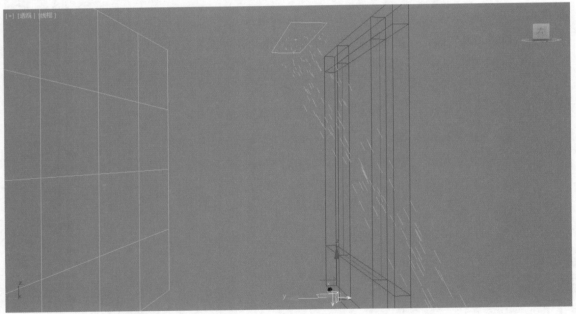

图4-23

4.3.3 创建碰撞动画

01 接下来，开始进行雨滴与墙体的碰撞设置。在本例中，雨滴的碰撞设置为两种情况：一是雨滴与墙体进行碰撞；二是雨滴与玻璃进行碰撞。由于本动画主要表现雨滴与玻璃碰撞的动画，所以在这里着重设置雨滴与玻璃碰撞所产生的动画。

02 将创建"空间扭曲"面板的下拉列表选项切换至"导向器"，如图4-24所示。

03 单击"全导向器"按钮，在场景中创建一个"全导向器"对象，如图4-25所示。

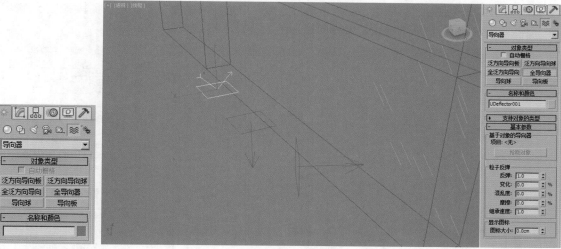

图4-24　　　　　　　　　　　　　　　　　　　　　图4-25

04 在"修改"面板中，单击"拾取对象"按钮，在场景中单击墙体模型，将墙体设置为导向器，并设置"反弹"的值为0，如图4-26所示。

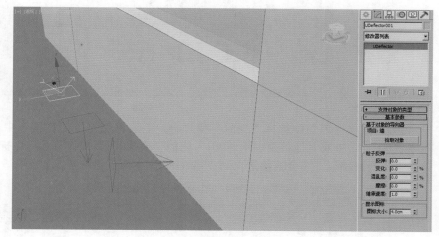

图4-26

05 以同样的方式再次创建一个"全导向器"对象，并拾取场景中的窗户玻璃模型，将玻璃设置为导向器，并设置"反弹"的值为0，如图4-27所示。

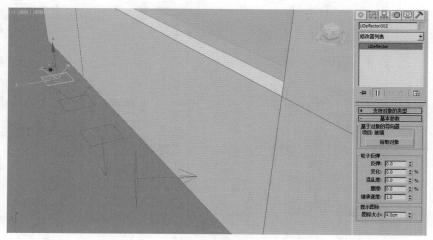

图4-27

06 在"粒子视图"面板中,在下方的"仓库"中选择"碰撞"操作符,将其拖曳至"事件001"中,并将场景中创建的一个"全导向器"对象添加进来,如图4-28所示。

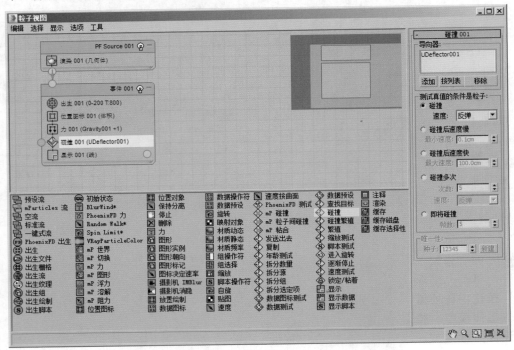

图4-28

07 在"仓库"中选择"删除"操作符,将其拖曳至"工作区"中,设置为一个新的事件"事件002",并将其连接至"事件001"内的"碰撞001"操作符上,这样,可以设置当粒子与墙体模型进行碰撞后,将会直接进入到"事件003"中而被删除掉,如图4-29所示。

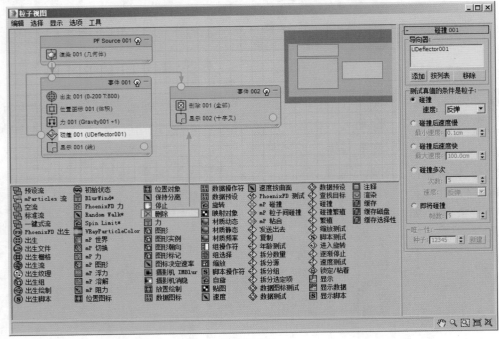

图4-29

08 再次在"事件001"中添加一个"碰撞"操作符，这一次将场景中第二次创建的"全导向器"对象拾取并添加进来，如图4-30所示。

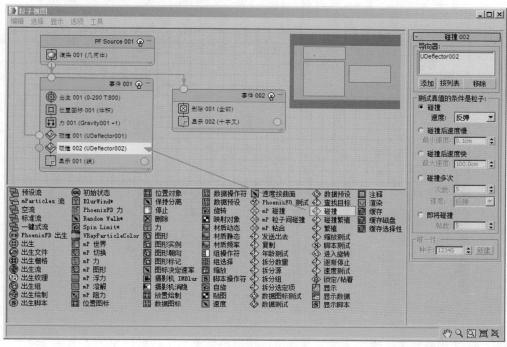

图4-30

09 拖动"时间滑块"按钮，可以在"透视"视图中观察粒子的动画形态，如图4-31所示。

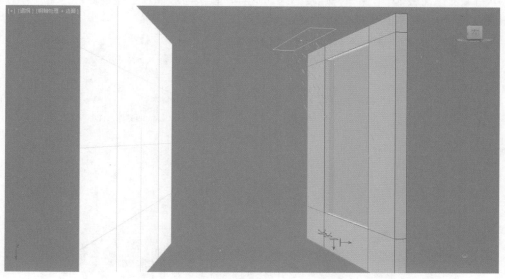

图4-31

4.3.4　制作雨滴落在玻璃上停止的动画

01 在"粒子视图"面板下方的"仓库"中，选择"发送出去"操作符，将其拖曳至"工作区"中，形成一个新的事件"事件003"，并将其与"事件001"中的"碰撞002"操作符连接起来，如图4-32所示。

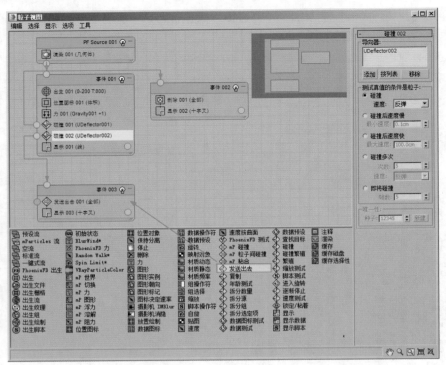

图4-32

02 在"仓库"中选择"速度"操作符,将其拖曳至"工作区"中,成为一个独立的新事件"事件004",在"参数"面板中设置"速度"值为0,设置完成后,将"事件004"与"事件003"中的"发送出去001"操作符连接起来,这样,粒子与玻璃产生碰撞后进入到"事件004"内,速度变成了0,就停止下来,如图4-33所示。

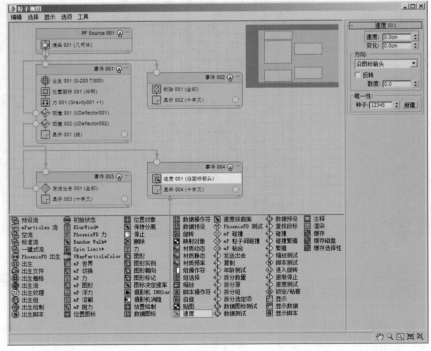

图4-33

03　在"仓库"中选择"图形"操作符，将其拖曳至"事件004"中，在右侧的"参数"面板中，设置粒子的形状为"立方体"，粒子的"大小"值为1.25cm，如图4-34所示。

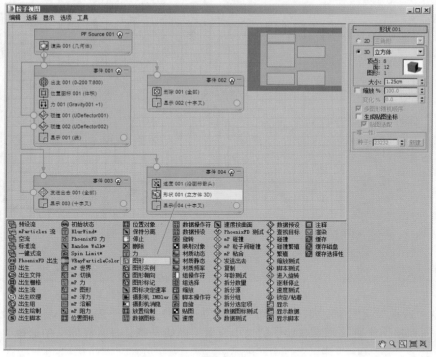

图4-34

04　选择"事件004"中的"显示004"操作符，在右侧的"参数"面板中，设置粒子的显示"类型"为"几何体"，如图4-35所示。

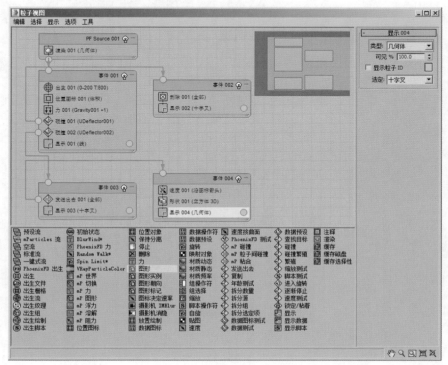

图4-35

05 设置完成后，在"透视"视图中观察粒子的动画状态如图4-36所示。

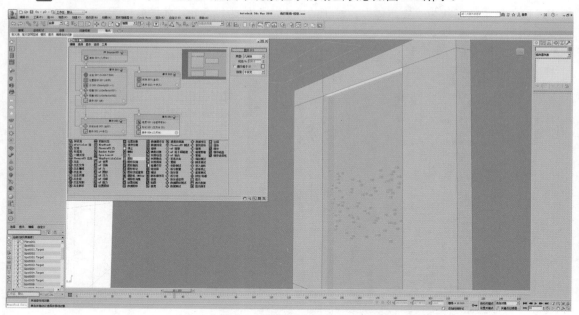

图4-36

06 从"透视"视图中观察，可以看到当前位于窗户上的粒子形态大小完全一致，给人感觉很不自然，所以接下来需要考虑将粒子的大小设置得随机一些。在"仓库"中选择"缩放"操作符，将其拖曳至"事件004"中，如图4-37所示。

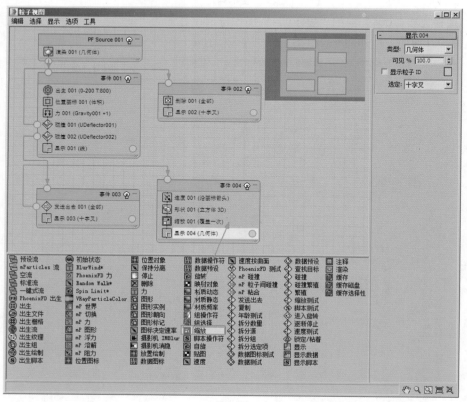

图4-37

07　选择"缩放"操作符，在"参数"面板中设置"比例因子"组内的X、Y、Z值均为45，"缩放变化"组内的X、Y、Z值均为15，如图4-38所示。

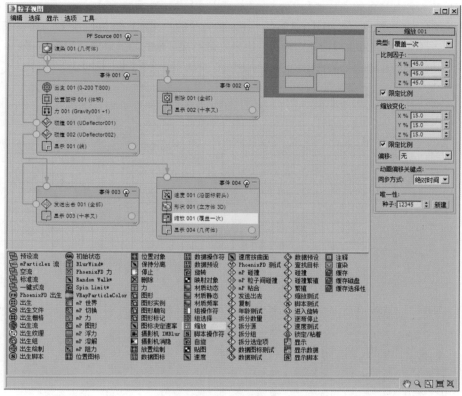

图4-38

08　设置完成后，拖动"时间滑块"按钮，在"透视"视图中观察当前粒子的形态大小，如图4-39所示，显得更加自然了。

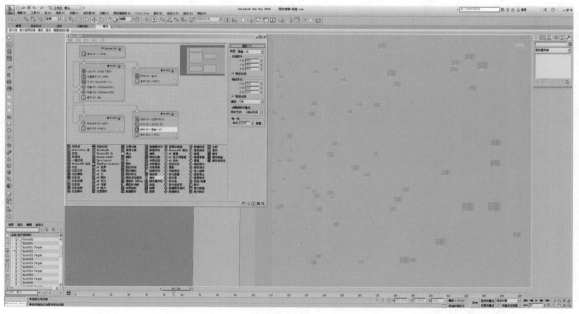

图4-39

4.3.5 制作雨滴划在玻璃上流淌的动画

01 在本小节中，我们一起来制作个别雨滴在玻璃上流淌下来的动画。在"仓库"中选择"拆分数量"操作符，将其拖曳至"事件003"中，并设置粒子的"比率"值为4，这样，碰撞在玻璃上的雨滴粒子，大概有4%的数量会被该操作符拆分出来，进行接下来的动画设置，如图4-40所示。

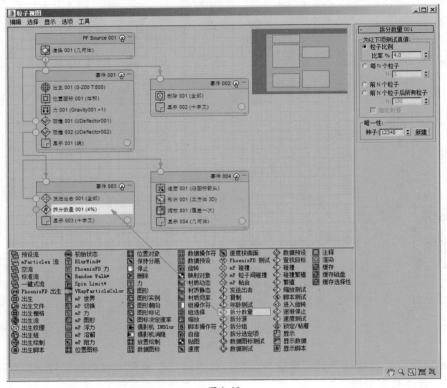

图4-40

02 在"仓库"中选择"速度按曲面"操作符，将其拖曳至"工作区"中，形成一个新的事件"事件005"，并将其与"事件003"内的"拆分数量001"操作符连接起来，如图4-41所示。

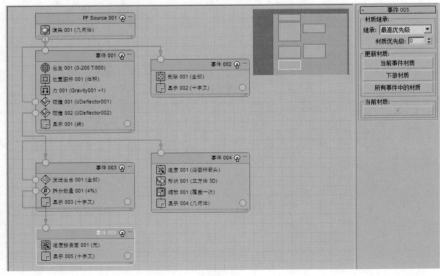

图4-41

03　选择"事件005"内的"速度按曲面001"操作符，在其"参数"面板中，将速度按曲面的方式选择为"持续控制速度"选项，将"速度"的值设置为20cm，在"曲面几何体"组中，单击"添加"按钮，将场景中的玻璃模型添加进来，在"方向"组中，设置粒子的方向为"与曲面平行"，如图4-42所示。

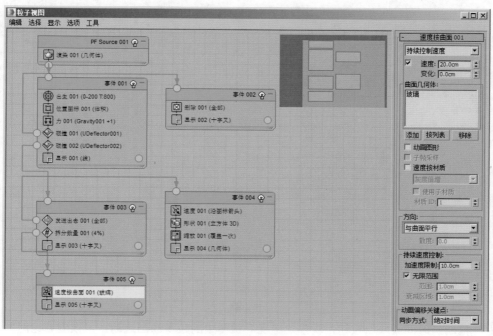

图4-42

04　在"仓库"中选择"繁殖"操作符，将其拖曳至"事件005"中，并在其右侧的"参数"面板中，设置"繁殖速率和数量"的选项为"按移动距离"，"步长大小"值为0.5cm，在"速度"组中，设置"继承"值为100，如图4-43所示。

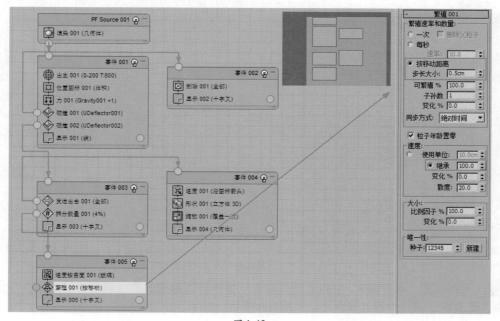

图4-43

05 在"仓库"中选择"显示"操作符，将其拖曳至"工作区"中，成为一个新的事件"事件006"，并将其与"事件005"中的"繁殖001"操作符连接起来，这样可以方便观察"事件005"中繁殖出来的粒子动画运动情况，如图4-44所示。

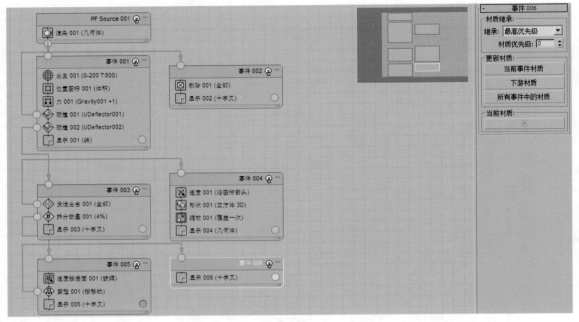

图4-44

06 拖动"时间滑块"按钮，观察"透视"视图中的粒子动画运动，可以看到这时并没有出现我们所预期的有粒子流淌下来的粒子动画，如图4-45所示。

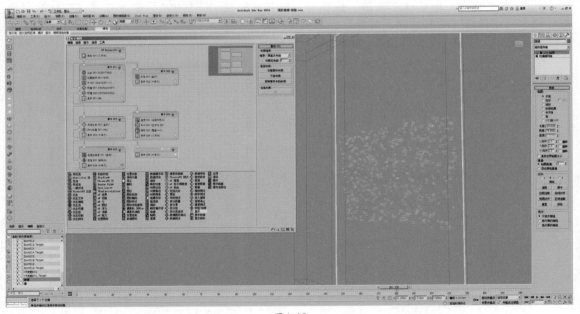

图4-45

07 下面，将"事件003"中的"拆分数量"操作符以拖曳的方式置于"发送出去"操作符的上面，改变粒子的操作符计算顺序，如图4-46所示。

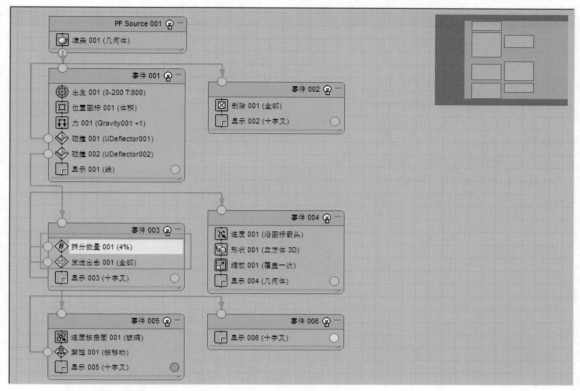

图4-46

08　再次拖动"时间滑块"按钮，即可在"透视"视图中观察到正确的粒子运动动画，如图4-47所示。

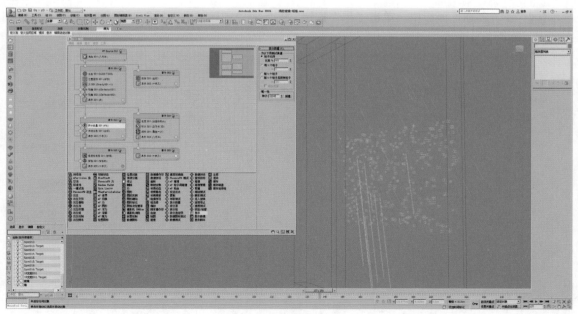

图4-47

小技巧:

当同一事件中的两个操作符连线产生交叉时，比较容易让人对线的连接产生错觉，如图4-48所示。这时，可以将鼠标移动至下方操作符前面的控制点上，单击鼠标右键，选择"右对齐"命令，如图4-49所示。更改控制点的位置，使得连线看起来清晰明朗，如图4-50所示。

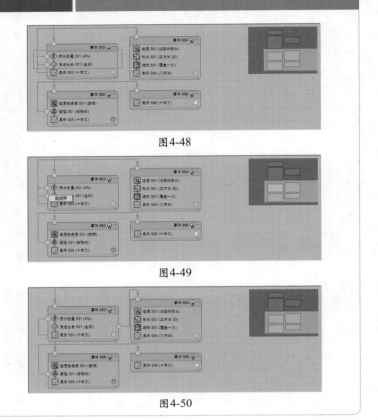

图4-48

图4-49

图4-50

09 在"创建"面板中，单击"风"按钮，在场景中创建一个"风"对象，并设置风的方向为向上，如图4-51所示。

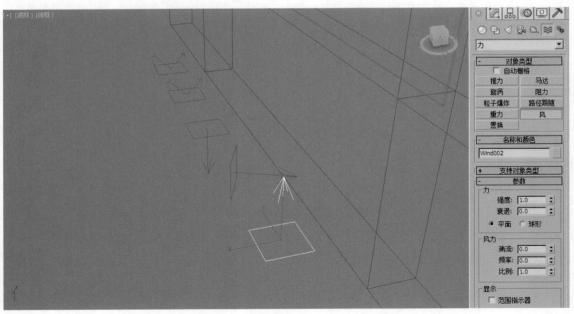

图4-51

10　在"修改"面板中，设置风的"强度"值为0，在"风力"组中，设置"湍流"值为0.77，"频率"值为5.827，"比例"值为0.2，如图4-52所示。

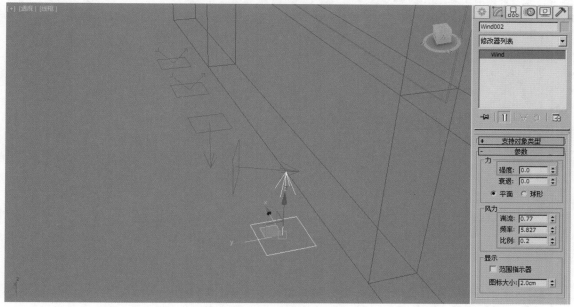

图4-52

11　在"粒子视图"面板中，从下方的"仓库"里选择"力"操作符，将其拖曳至"事件005"中，并在"参数"面板中添加刚刚创建的风对象，如图4-53所示。这样，雨滴在下落的过程中，行走路线将产生较为轻微的随机变化，如图4-54所示。

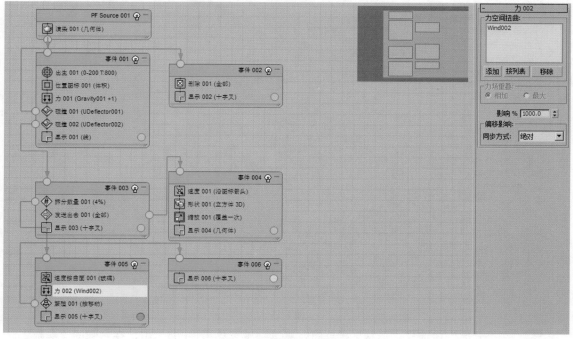

图4-53

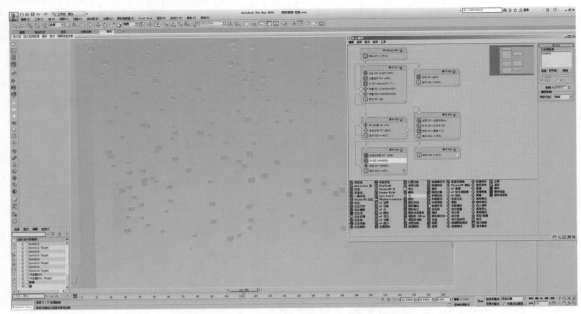

图4-54

12 在"仓库"中选择"删除"操作符，将其拖曳至"事件005"中，在右侧的"参数"面板中设置粒子"移除"的方式为"按粒子年龄"，并设置"寿命"值为80，"变化"值为5，如图4-55所示。

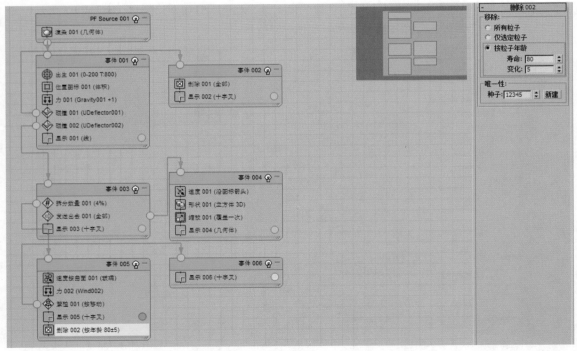

图4-55

13 在"仓库"中选择"形状"操作符，将其拖曳至"事件005"中，在右侧的"参数"面板中设置"事件005"中的粒子形状为"立方体"，设置粒子的"大小"值为0.24cm，如图4-56所示。

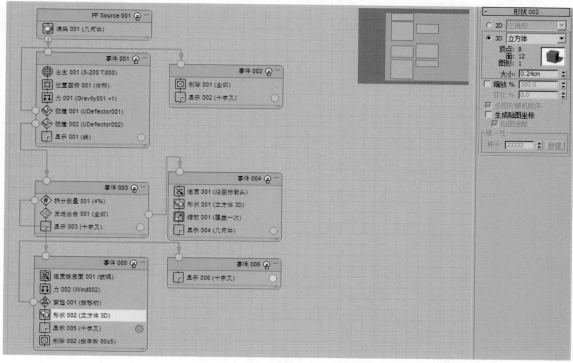

图4-56

14 选择"事件005"中的"显示"操作符,设置粒子显示的"类型"为"几何体",如图4-57所示。

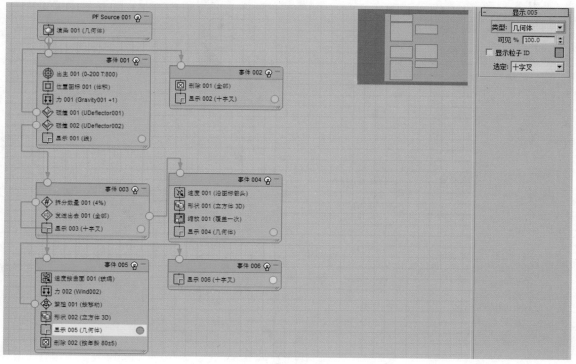

图4-57

15 这样，拖动"时间滑块"按钮，可以很方便地观察到"事件005"中雨滴粒子的形态，如图4-58所示。

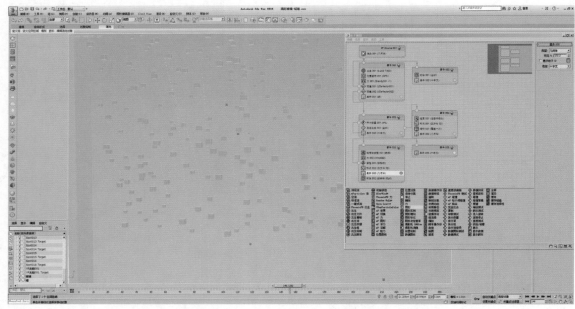

图4-58

16 在"仓库"中选择"形状"操作符，将其拖曳至"事件006"中，将进入到"事件006"内的粒子形状设置为"20面球体"，粒子的"大小"值设置为0.6cm，如图4-59所示。

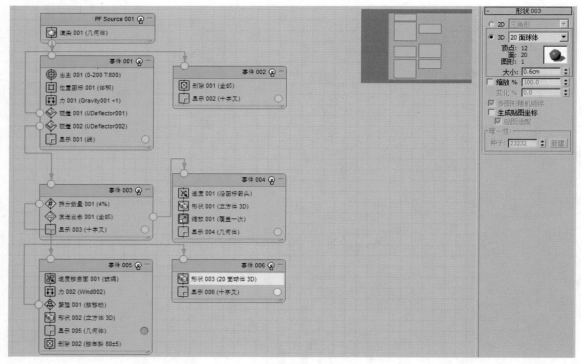

图4-59

17 选择"事件006"中的"显示"操作符，设置粒子显示的"类型"为"几何体"，如图4-60所示。

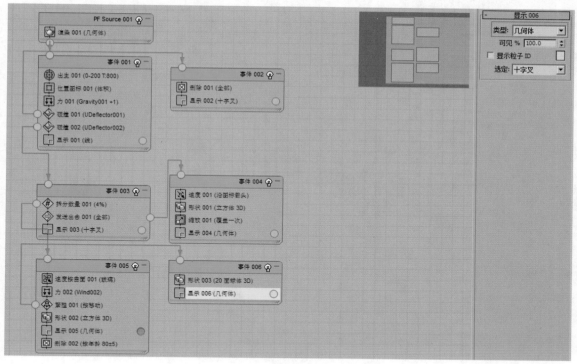

图4-60

18 拖动"时间滑块"按钮，观察粒子的形态，如图4-61所示。

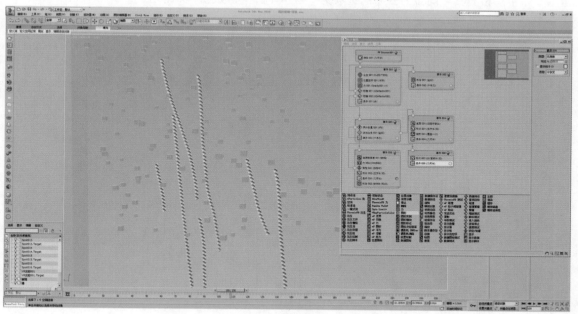

图4-61

19 现在，雨滴在玻璃上划过的动画基本上制作完成了，但是模拟拖尾效果的粒子现在看起来是一样的大小，会给人一种不太自然的感觉，所以，在接下来的制作中，需要一个"缩放"操作符来解决这一问题。在"仓库"中，选择"缩放"操作符，将其拖曳至"事件006"中，如图4-62所示。

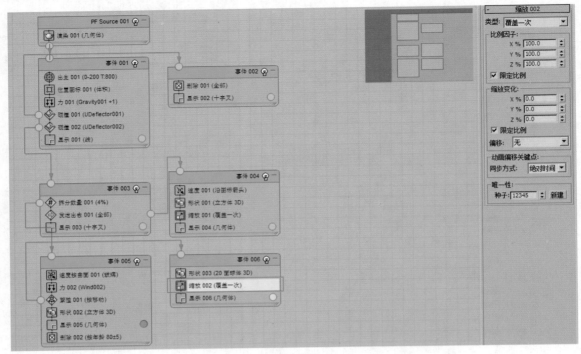

图4-62

20 在"参数"面板中,设置"缩放"操作符的"类型"为"相对最初",在"动画偏移关键点"组中,设置其"同步方式"的选项为"粒子年龄",如图4-63所示。

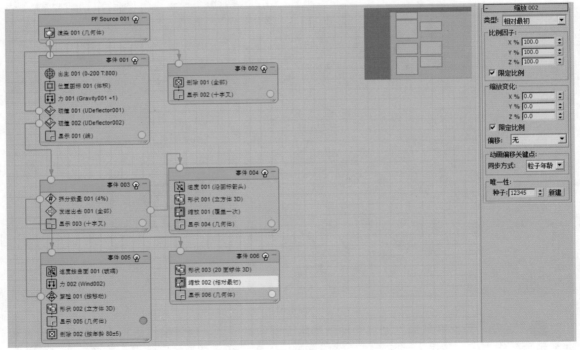

图4-63

21 将"时间滑块"按钮放置到第80帧,按下快捷键N,打开"自动关键点"记录功能。设置该"缩放"操作符"比例因子"组内的X、Y、Z值均为0,设置完成后,再次按下快捷键N,关闭"自动关键点"记录功能，完成粒子缩放动画的设置，如图4-64所示。

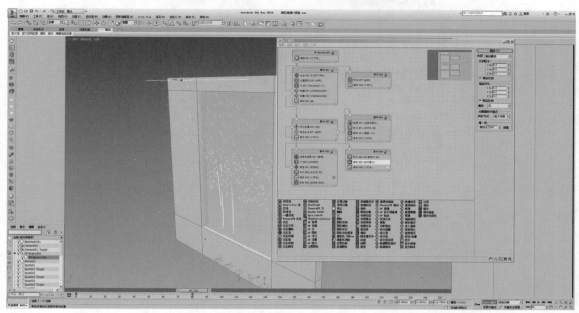

图4-64

小技巧：

　　设置完粒子的缩放动画后，需要在场景中选择"粒子流源"图标，才能在"时间滑块"按钮下方的"轨迹栏"上看到粒子的关键帧。

22　在"透视"视图中观察雨滴粒子的运动形态，如图4-65所示。

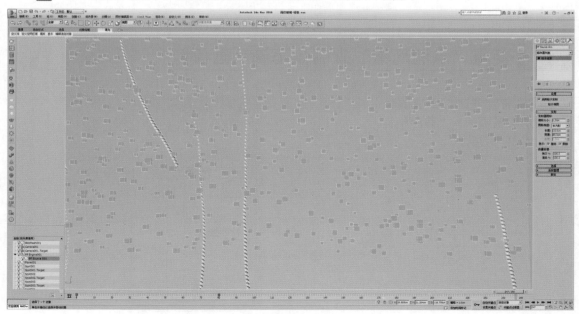

图4-65

23　到这里，"粒子流源"动画的设置就全部完成了。最后，在"粒子视图"面板中，单击"渲染"操作符，关闭粒子的渲染，如图4-66所示。

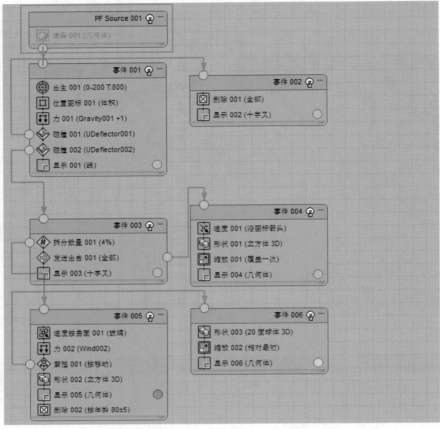

图4-66

4.4 使用"水滴网格"来制作雨滴动画模型

01 将"创建"面板的下拉列表选项切换至"复合对象",如图4-67所示。

图4-67

02　单击"水滴网格"按钮 水滴网格 ，在场景中任意位置处创建一个"水滴网格"对象，如图4-68所示。

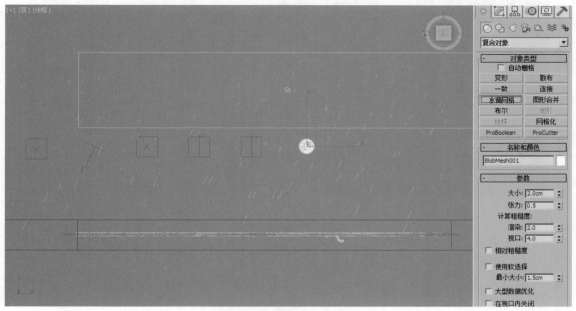

图4-68

03　在"修改"面板中，单击"水滴对象"组内的"拾取"按钮，将场景中的粒子系统拾取进来，如图4-69所示。

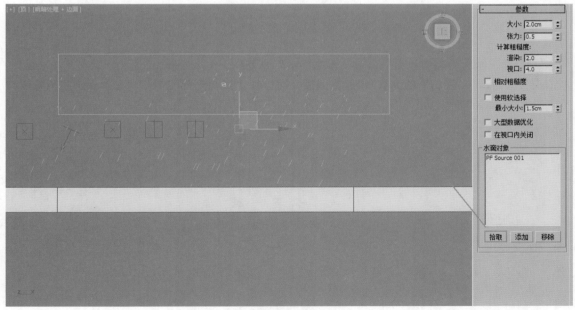

图4-69

04　展开"粒子流参数"卷展栏，取消勾选"所有粒子流事件"选项，并单击"添加"按钮，在弹出的"添加粒子流事件"对话框中，将"事件004"和"事件006"分别添加进来，如图4-70所示。设置完成后，如图4-71所示。

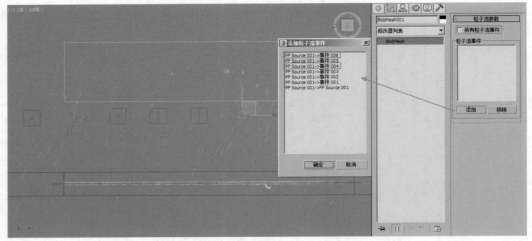

图4-70

图4-71

05 在"参数"卷展栏中,设置"水滴网格"对象的"大小"值为2cm,"张力"值为0.5,"渲染"值为2,"视口"值为4,设置完成后,可以在"透视"视图中,观察水滴网格附着于粒子上的形态,如图4-72所示。

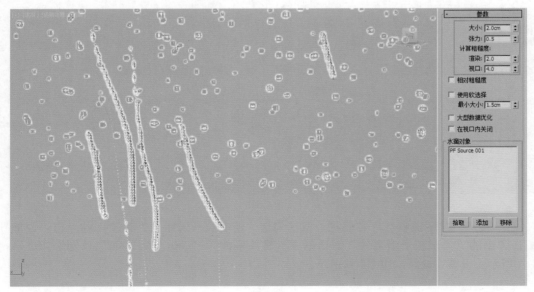

图4-72

06 在"修改器列表"中，为"水滴网格"对象添加一个"松弛"修改器，如图4-73所示。

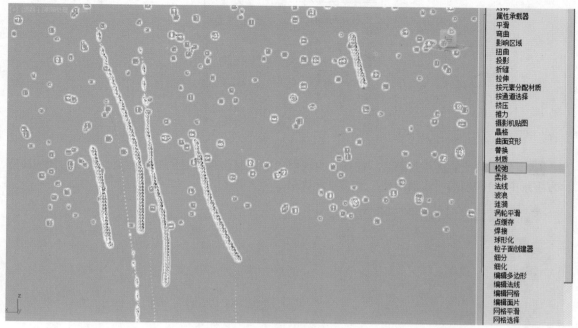

图4-73

07 在"修改"面板中，设置该修改器的"松弛值"为1，"迭代次数"值为10，增加雨滴的形态细节，如图4-74所示。

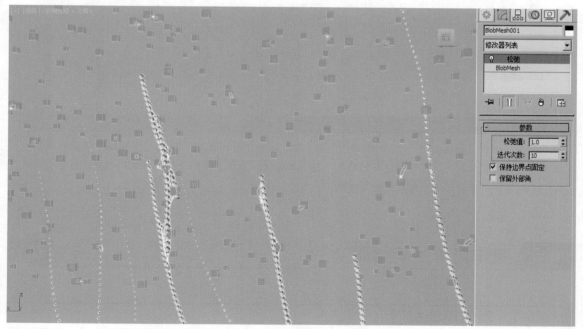

图4-74

08 在"场景资源管理器"面板中，选择粒子的名称，并单击名称前面的"灯泡"图标，即可在场景中关闭粒子的显示，如图4-75所示。

图4-75

09 关闭粒子的显示效果后，在场景中观察"水滴网格"对象的形态会更加直观，图4-76所示为场景中第160帧的"水滴网格"形态显示效果。

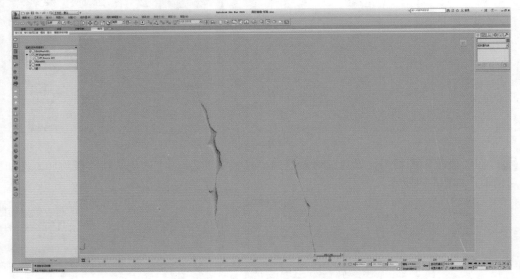

图4-76

小技巧：

当在"场景资源管理器"中关闭粒子的显示后，拖动"时间滑块"按钮，会发现"水滴网格"对象的形态无法更新，所以想得到更新的结果，还需要再次单击粒子名称前的"灯泡"图标，显示出粒子后，才能得到"水滴网格"对象更新的效果。

4.5 制作场景主要材质

4.5.1 制作雨滴材质

01 按下快捷键M，打开"材质编辑器"面板。选择一个空白的材质球，将其更改为VRayMtl材质，并重命名材质球为"雨滴"，如图4-77所示。

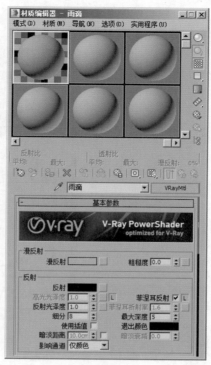

图4-77

02　在"漫反射"组中，设置"漫反射"的颜色为白色（红：255，绿：255，蓝：255）；在"反射"组中，设置"反射"的颜色为灰色（红：57，绿：57，蓝：57），取消勾选"菲涅耳反射"选项，设置"反射光泽度"值为0.85，"细分"值为32，制作出雨滴材质的高光效果，如图4-78所示。

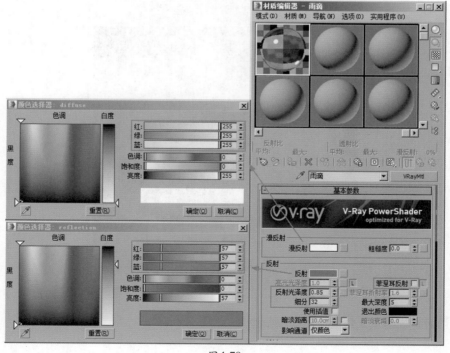

图4-78

03 在"折射"组中，设置"折射"的颜色为白色（红：255，绿：255，蓝：255），"折射率"值为1.33，勾选"影响阴影"选项，如图4-79所示。

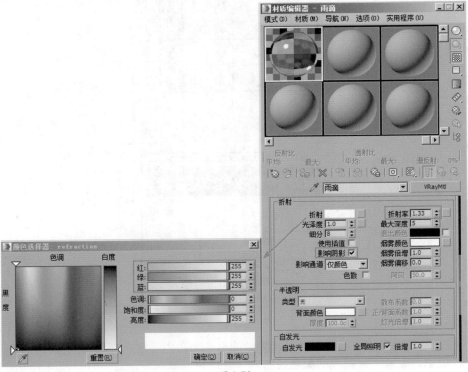

图4-79

04 制作完成后的雨滴材质球显示效果如图4-80所示。

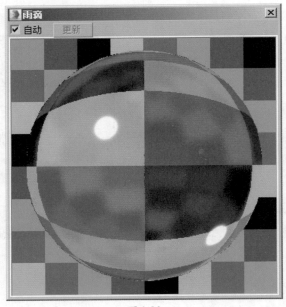

图4-80

05 雨滴材质的渲染效果如图4-81所示。

图4-81

4.5.2 制作带有雾气效果的玻璃材质

01 按下快捷键M，打开"材质编辑器"面板。选择一个空白的材质球，将其更改为VRayMtl材质，并重命名材质球为"玻璃"，如图4-82所示。

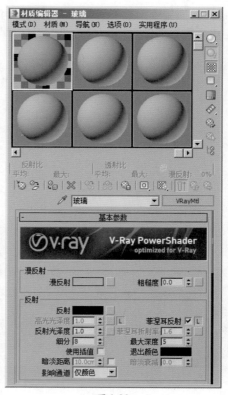

图4-82

02 在"漫反射"组中，设置"漫反射"的颜色为白色（红：255，绿：255，蓝：255）；在"反射"组中，设置"反射"的颜色为灰色（红：57，绿：57，蓝：57），取消勾选"菲涅耳反射"选项，制作出玻璃材质的反射效果，如图4-83所示。

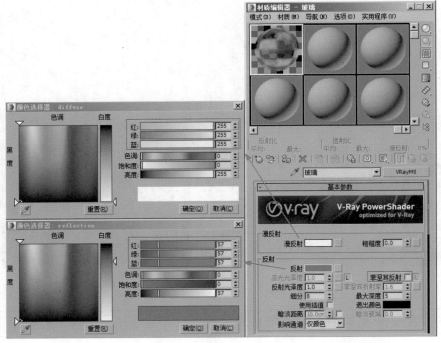

图4-83

03 在"折射"组中，设置"折射"的颜色为白色（红：255，绿：255，蓝：255），"细分"值为16，"折射率"值为1.6，勾选"影响阴影"选项，如图4-84所示。

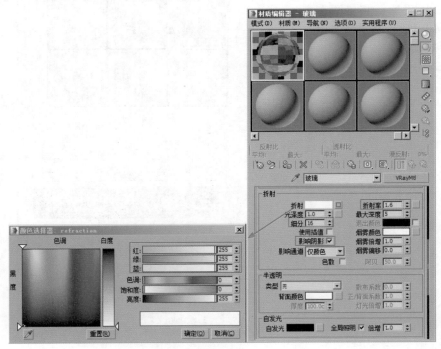

图4-84

04 在"光泽度"的贴图通道上添加一个"烟雾"贴图，用来制作模拟玻璃材质的雾气效果，如图4-85所示。

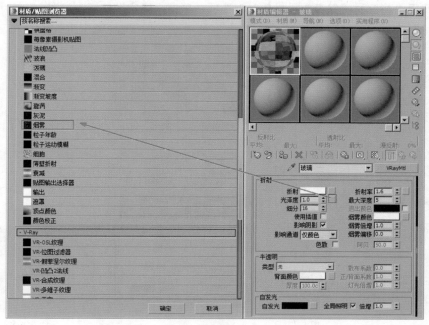

图4-85

05 展开"坐标"卷展栏，设置烟雾贴图的"源"为"显式贴图通道"，展开"烟雾参数"卷展栏，设置"大小"值为0.1，"指数"值为1.5，设置"颜色#1"的颜色为灰白色（红：203，绿：203，蓝：203），"颜色#2"的颜色为白色（红：245，绿：245，蓝：245），如图4-86所示。

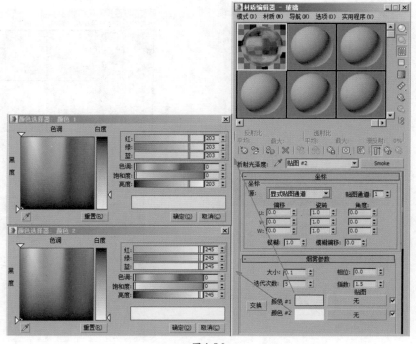

图4-86

06 单击"转到父对象"按钮 ，返回上一层级，单击VRayMtl按钮，在弹出的"材质/贴图浏览器"中，将当前材质设置为"VR-混合材质"，如图4-87所示。在自动弹出的"替换材质"对话框中，选择"将旧材质保存为子材质？"选项，单击"确定"按钮，如图4-88所示。

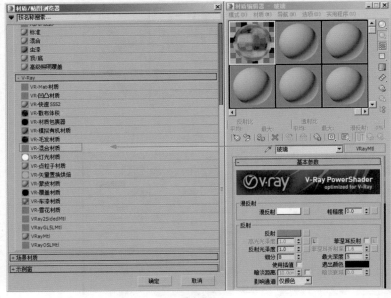

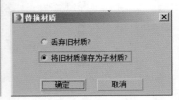

图4-87   图4-88

07 将"基本材质"中的玻璃材质以拖曳的方式复制到"镀膜材质"中，如图4-89所示。

08 为了方便叙述，将该材质球重新命名一下，将"基本材质"重命名为"水雾效果玻璃"，将"镀膜材质"重命名为"清澈透亮玻璃"，如图4-90所示。

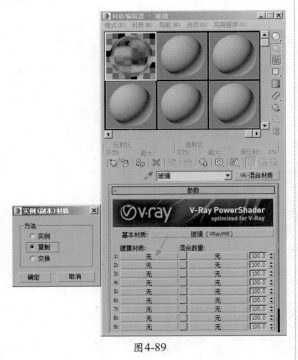

图4-89

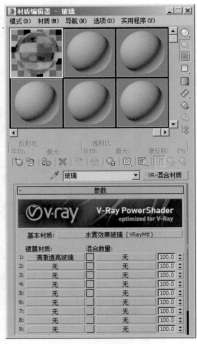

图4-90

09 在镀膜材质中，将
"折射"组内"光泽度"贴图
通道上的贴图清除，如图4-91
所示。

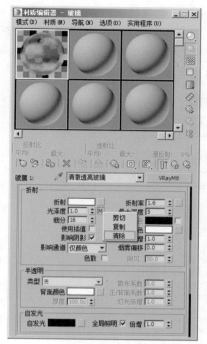

图4-91

10 在"混合数量"的贴图通道上添加一个"渐变坡度"贴图，如图4-92所示。

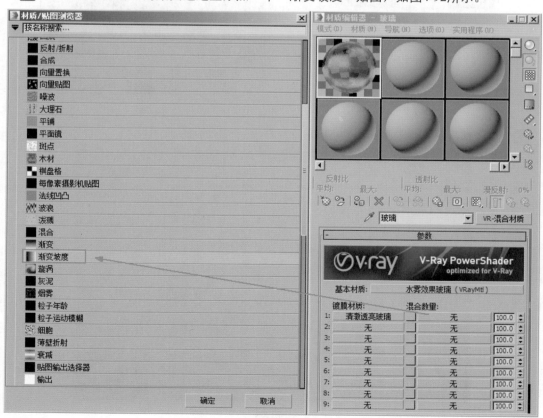

图4-92

11 在"坐标"卷展栏中,设置"角度"的W值为90;在"渐变坡度参数"卷展栏中,设置渐变坡度的颜色如图4-93所示,并在"噪波"组中,调整"大小"值为9,"相位"值为5。

12 设置完成后,玻璃材质球显示效果如图4-94所示。

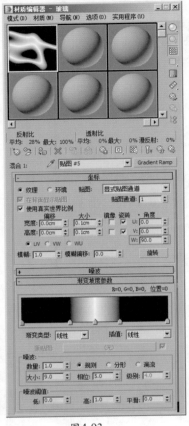

图4-93

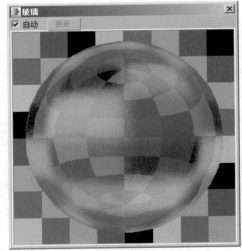

图4-94

13 玻璃材质的渲染效果如图4-95所示。

图4-95

14　材质设置完成后，渲染动画文件，最终的动画效果如图4-96所示。

图8-96

第5章

游艇浪花特效动画技术

5.1 效果展示及技术分析

本章主要为大家讲解如何在3ds Max中制作效果逼真的浪花特效。需要注意的是，制作这一特效需要使用到Chaosgroup公司生产的Phoenix FD火凤凰插件，另外还需要一台功能强大的电脑来进行液体动画计算。

本章的特效动画最终渲染效果如图5-1所示。

图5-1

5.2 场景介绍

01 打开场景文件，本场景文件为一个已经设置好材质的游艇模型，如图5-2所示。

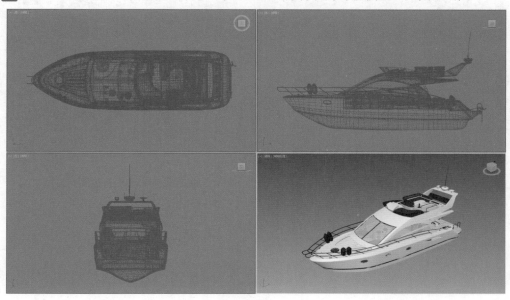

图5-2

02 执行"自定义"→"单位设置"命令，如图5-3所示，打开"单位设置"对话框，将"显示单位比例"设置为"米"，单击"系统单位设置"按钮，在弹出的"系统单位设置"对话框中设置"1单位=1毫米"，如图5-4所示。

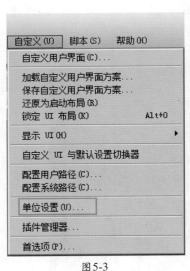

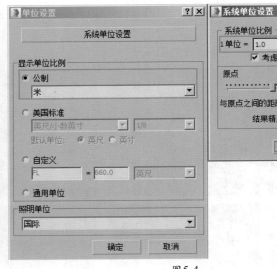

图5-3 图5-4

03 将"创建"面板切换至创建"辅助对象"面板，单击"卷尺"按钮，在"前"视图中创建一个卷尺来测量游艇模型的长度，在"参数"卷展栏中，即可以查看当前游艇长度约为14m，符合真实世界中的对象尺寸，如图5-5所示。

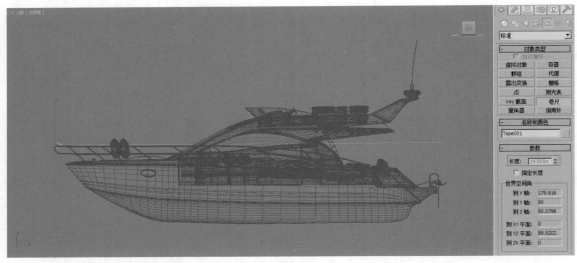

图5-5

04 以同样的方式检测游艇模型的宽度，可以测得游艇宽度大约4m，如图5-6所示。

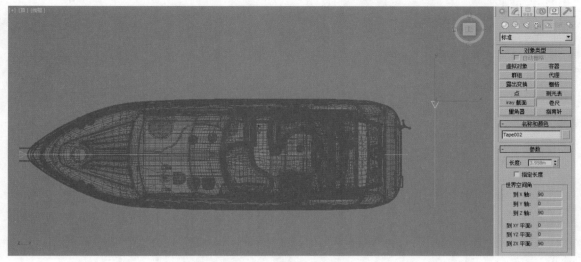

图5-6

05 根据测量结果，如果场景中的模型与真实世界的对象尺寸一致，就可以进行接下来的动画模拟了。

小技巧：

使用Phoenix FD火凤凰插件来制作浪花、爆炸、燃烧等的特效动画之前，一定要先检查场景的单位设置，只有场景中的物体尺寸与现实世界的物体尺寸相符时，才能得到正确的计算结果。

5.3　使用PhoenixFD创建波浪

5.3.1　制作基本场景动画

在制作浪花动画特效之前，需要对场景中的游艇模型设置基本的位移动画，以及进行一些必要的绑定操作。

01 将"创建"面板的下拉列表选项切换至"PhoenixFD"，如图5-7所示。

图5-7

02 单击"PHX模拟器"按钮，在"顶"视图中创建一个PHX模拟器，如图5-8所示。

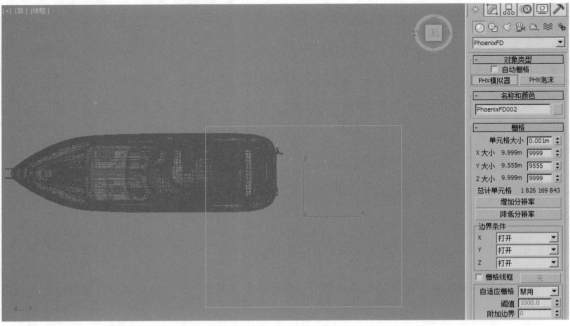

图5-8

当创建的PHX模拟器大到一定程度时，PHX模拟器将自动限制其自身的大小。稍后，可以在"修改"面板中通过降低"单元格大小"，重新调整PHX模拟器的尺寸。

03 在"修改"面板中，展开"栅格"卷展栏，设置"单元格大小"值为0.1m，"X大小"值为259，"Y大小"值为120，"Z大小"值为16，并将PHX模拟器的位置调整至图5-9所示位置处。

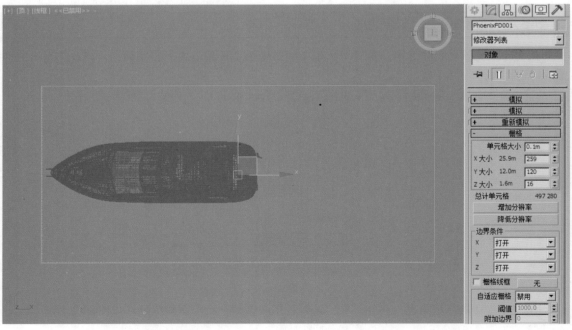

图5-9

04 按下快捷键F，在"前"视图中，调整PHX模拟器的位置如图5-10所示。

图5-10

05 在3ds Max软件界面的右下方，单击"时间配置"按钮 ▦，如图5-11所示。打开"时间配置"对话框，设置场景中的时间长度为200帧，设置完成后，单击"确定"按钮关闭该对话框，如图5-12所示。

图5-11

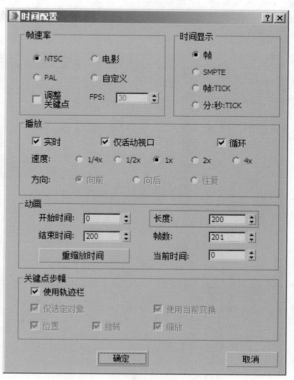

图5-12

06 按下快捷键N，打开"自动关键点"功能。将"时间滑块"按钮拖动至第200帧，将游艇模型沿x轴向设置位移动画，如图5-13所示。

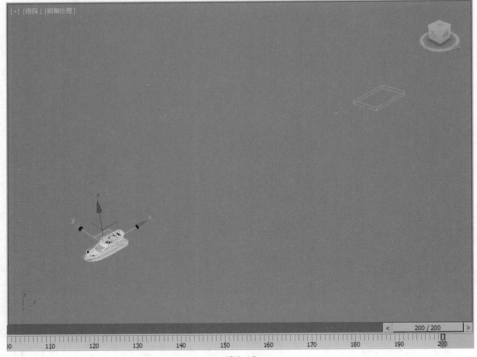

图5-13

07 设置完成后，再次按下快捷键N，关闭"自动关键点"功能。并单击鼠标右键，在弹出的快捷菜单中选择"曲线编辑器"命令，如图5-14所示。弹出的"曲线编辑器"如图5-15所示。

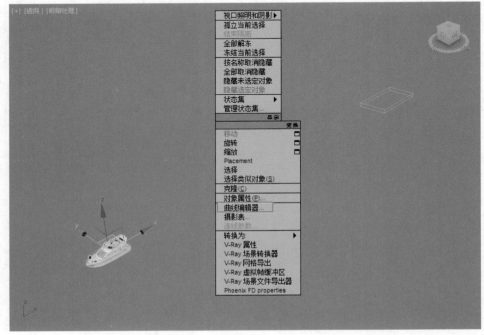

图5-14

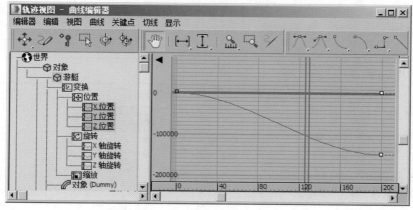

图5-15

08　在弹出的"曲线编辑器"中，选择第200帧的关键帧，单击"将切线设置为快速"按钮
，更改位移曲线至图5-16所示，这样，游艇的运动呈一个加速的状态向前方行驶。

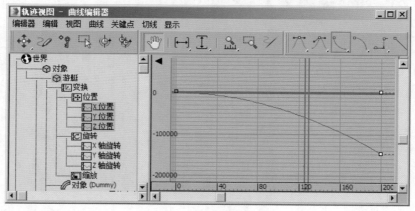

图5-16

09　将"时间滑块"按钮拖动回第0帧，单击"主工具栏"上的"选择并链接"按钮，将
PHX模拟器绑定至游艇模型上，如图5-17所示。

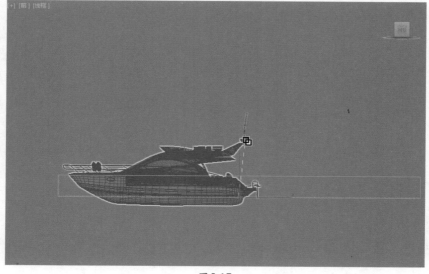

图5-17

10 设置完成后，拖动"时间滑块"按钮 ██████ 0 / 200 ████，即可看到PHX模拟器已经开始跟随游艇模型一起运动。这样，场景的基本动画就设置完成了。

5.3.2 波浪计算设置

01 选择PHX模拟器，在"修改"面板中，展开"液体"卷展栏。勾选"启用"选项和"初始填充"选项，并设置"初始填充"值为40，如图5-18所示。

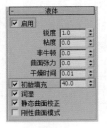

图5-18

小技巧：

"初始填充"的值用来控制PHX模拟器在其内部所生成的水面高度，较低的值则会在PHX模拟器的范围内生成较低的水平面，反之亦然。图5-19所示为该值是10和80的水面填充效果。由于水面的高度不同，该值还会对游艇与水面交互产生的浪花形态有显著影响。

要想得到较为逼真的浪花模拟效果，用户需要了解现实世界中不同种类船只下海后的吃水深度，也就是船的底部到船与水面相交的垂直距离。

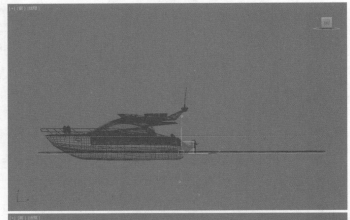

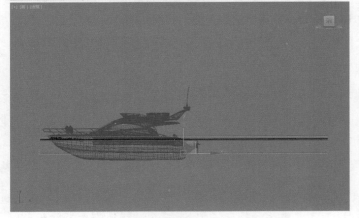

图5-19

---

02 展开"动力学"卷展栏，在"守恒（不灭）"组中，设置"方法"为"对称"选项，调整"质量"值为40；在"材质传输（平流）"组中，设置"每帧步数"值为4，如图5-20所示。

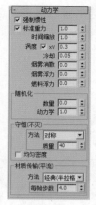

图5-20

03　设置完成后，展开"模拟"卷展栏，单击"开始"按钮 <u>开始</u>，进行液体计算，如图5-21所示。图5-22所示为第55帧的液体计算结果。

图5-21

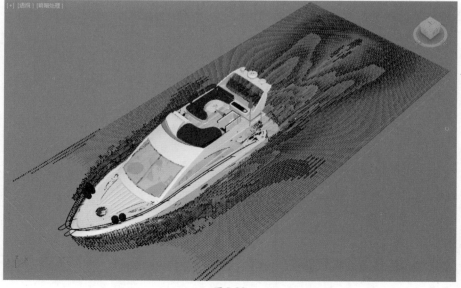

图5-22

04 单击展开"预览"卷展栏。勾选"显示网格"选项，并取消勾选"烟雾""燃料""速度""RGB/小波"和"其他"选项，如图5-23所示。即可在"透视"视图中查看浪花的实体形态，如图5-24所示。

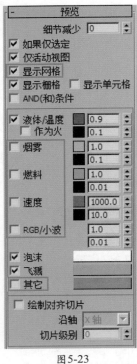

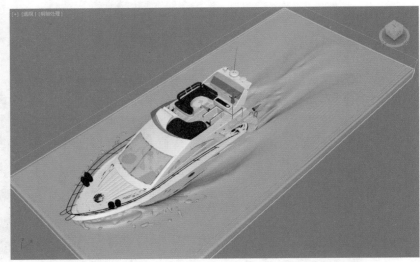

图5-23　　　　　　　　　　　　　　　　图5-24

05 在较低的单元格数量下模拟完液体动画，并查看无误后，就可以降低"单元格大小"的值，进行高精度的液体动画计算了。

06 展开"栅格"卷展栏，设置"单元格大小"值为0.04m，观察"总计单元格"的数值变化，可以看到"总计单元格"的数值明显增加了。图5-25所示为"单元格大小"值分别是0.1m和0.04m的"总计单元格"数值显示。

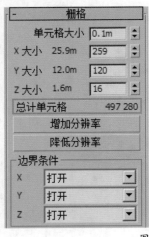
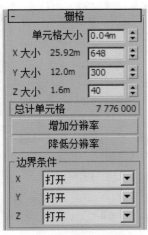

图5-25

07 在场景中选择"游艇"组合，执行"组"→"打开"命令，将"游艇"组合打开，如图5-26所示。

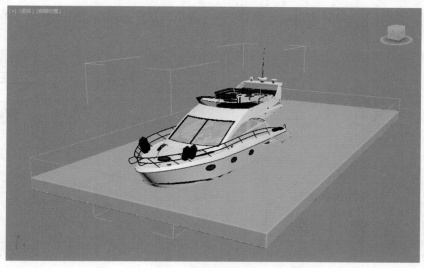

图 5-26

08　单击展开"交互"卷展栏，单击"添加"按钮，可以将无须参与动画计算的模型（如游艇的栏杆、玻璃等）添加进来，以节省液体模拟的时间，如图 5-27 所示。

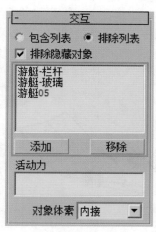

图 5-27

09　将"时间滑块"按钮拖动至第 0 帧，展开"模拟"卷展栏，再次单击"开始"按钮 开始 ，进行液体动画模拟计算，如图 5-28 所示。

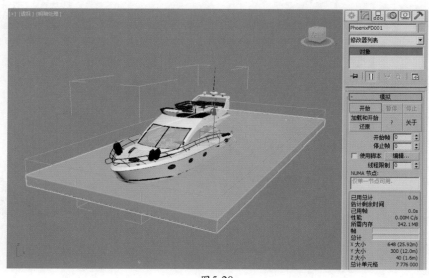

图 5-28

10 经过一段时间的计算之后，浪花的动画计算就完成了。图5-29所示分别为第50帧的波浪动画计算结果。

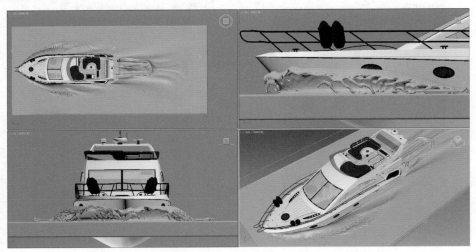

图5-29

11 在"前"视图中，按下快捷键F4，可以观察到波浪的网格数量构成，如图5-30所示。

图5-30

5.4 创建飞溅的水花及泡沫

01 接下来，开始进行水花及泡沫的模拟。在"修改"面板中，展开"泡沫"卷展栏，勾选"启用"选项。在"出生"组中，设置泡沫的"速率"值为2；在"大小"组中，设置泡沫的"大小"值为0.01m，参数设置如图5-31所示。

图5-31

勾选启用"泡沫"和"飞溅"计算时，系统会分别自动弹出"Phoenix FD"对话框，询问用户是否需要添加一个明暗器，单击"是"按钮即可，如图5-32所示。并且在场景中会自动添加两个"PHX泡沫"对象，如图5-33所示。

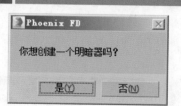

图5-32

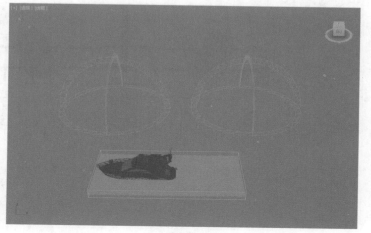

图5-33

02 展开"飞溅"卷展栏,勾选"启用"选项。在"出生"组中,设置飞溅的"速率"值为2;在"大小"组中,设置飞溅的"大小"值为0.01m,参数设置如图5-34所示。

图5-34

03 设置完成后,展开"模拟"卷展栏,将"时间滑块"按钮拖动至第0帧,单击"开始"按钮,再次进行液体模拟计算。

04 经过一段时间的液体计算后,将"时间滑块"按钮拖动至第42帧,浪花上产生的飞溅及泡沫如图5-35所示。

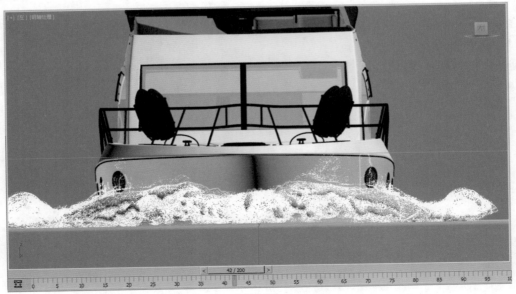

图5-35

05 按下快捷键T，在"顶"视图观察生成的泡沫形态及分布，如图5-36所示。

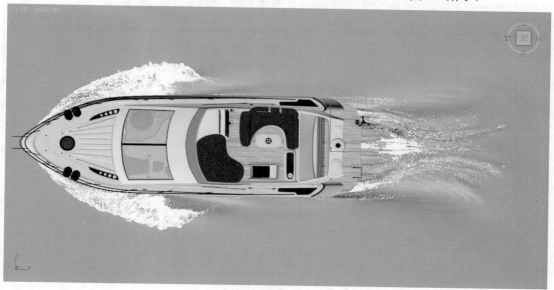

图5-36

5.5　设置海洋材质

01 在场景中选择PHX模拟器，在"修改"面板中，单击展开"渲染"卷展栏，将"模式"切换为"海洋"，如图5-37所示。切换时，系统会自动弹出"Phoenix FD"对话框，单击"是"按钮，即可关闭该对话框，如图5-38所示。

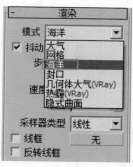

图5-37

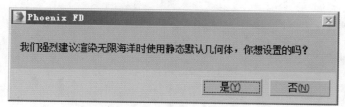

图5-38

02 设置完成后，在"透视"视图中渲染场景，渲染效果如图5-39所示。

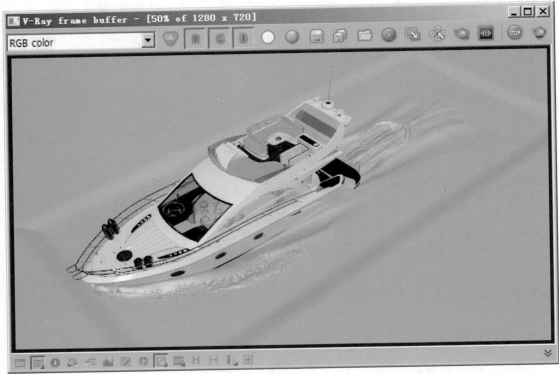

图5-39

03 从渲染效果可以看出，渲染出来的海洋平面是无限大的，并不仅限于PHX模拟器的大小，但是在PHX模拟器的边缘，可以看到后生成的无限大水面与PHX模拟器内的水面所产生的高差，这个高差会使得渲染结果看起来很不自然。

04 在"渲染"卷展栏中，设置"海平面"值为39，如图5-40所示。再次渲染画面，效果如图5-41所示。

图5-40

图5-41

小技巧：

　　通过设置"海平面"参数，可以有效地将无限水面与PHX模拟器内的水面所产生的高差消除到最低，这一数值需要尝试多次渲染才可以最终确定。

05　按下快捷键M，打开"材质编辑器"面板，选择一个空白的材质球，将其更改为VRayMtl材质，并重命名为"海洋"，如图5-42所示。

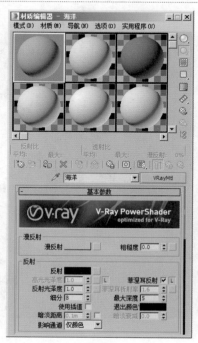

图5-42

06 在"漫反射"组中，设置"漫反射"的颜色为海蓝色（红：2，绿：7，蓝：19），在"反射"组中，设置"反射"的颜色为灰色（红：185，绿：185，蓝：185），制作出海洋材质的颜色及反射强度，如图5-43所示。

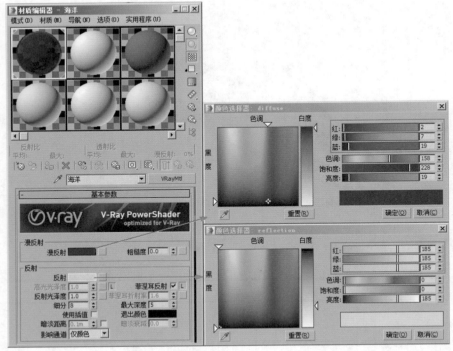

图5-43

07 设置完成后，渲染场景，渲染效果如图5-44所示。

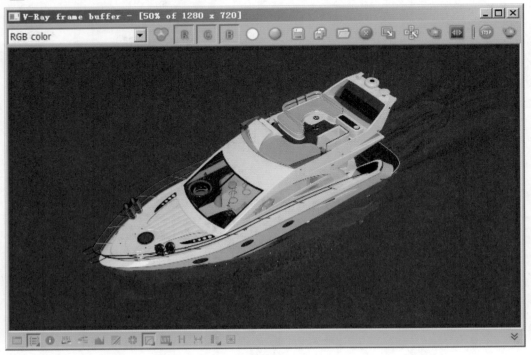

图5-44

08　在场景中选择PHX模拟器，在"修改"面板中，单击展开"渲染"卷展栏，勾选"置换"组内的"启用"选项，并单击"贴图"后面的"无"按钮，在弹出的"材质/贴图浏览器"中，选择"PhoenixFD海洋纹理"，如图5-45所示。

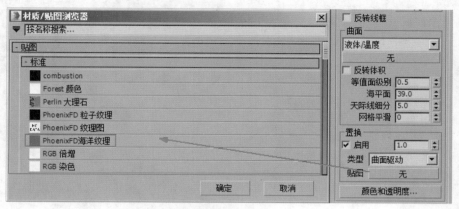

图5-45

09　将"置换"组中的贴图纹理以"实例"的方式拖曳至"材质编辑器"的空白材质球上，并设置"按风速控制"值为1m，如图5-46所示。

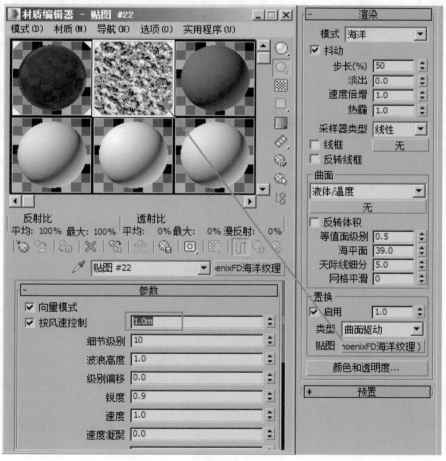

图5-46

10　设置完成后，再次渲染场景，渲染效果如图5-47所示。

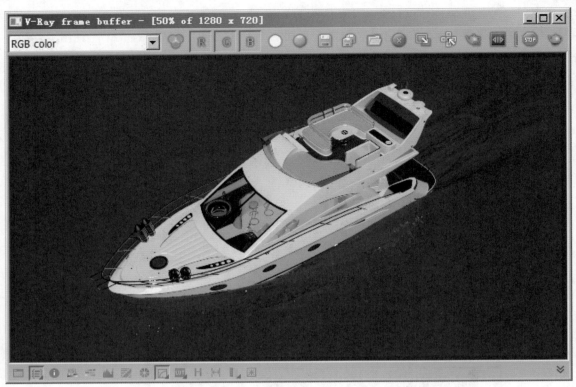

图5-47

5.6 添加摄影机及灯光

01 在创建"灯光"面板中，将灯光的下拉列表选项切换至"VRay"，如图5-48所示。

图5-48

02 单击"VR-太阳"按钮，在"顶"视图中创建一个"VR-太阳"灯光，如图5-49所示，创建时，系统会自动弹出"VRay 太阳"对话框，如图5-50所示，单击"是"按钮，完成灯光的创建。

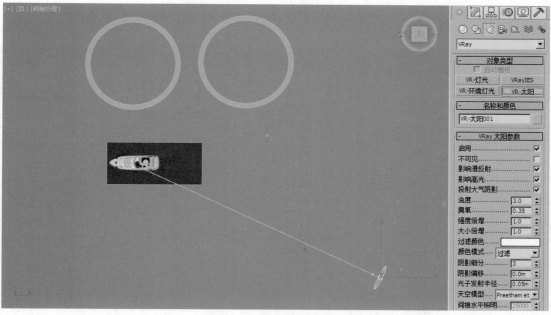

图5-49

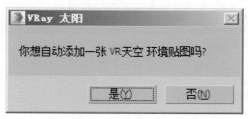

图5-50

03 在"前"视图中，调整"VR-太阳"灯光的高度至图5-51所示。

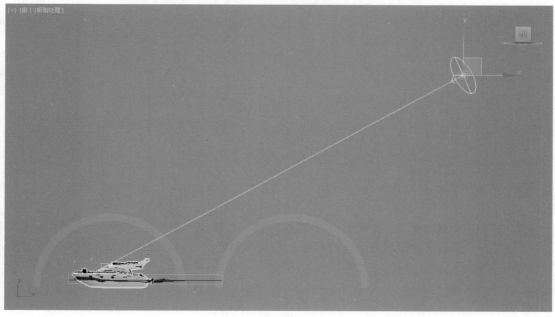

图5-51

04 在"修改"面板中，设置灯光的"大小倍增"值为10，这样可以在水面上得到略微虚化的投影效果，如图5-52所示。

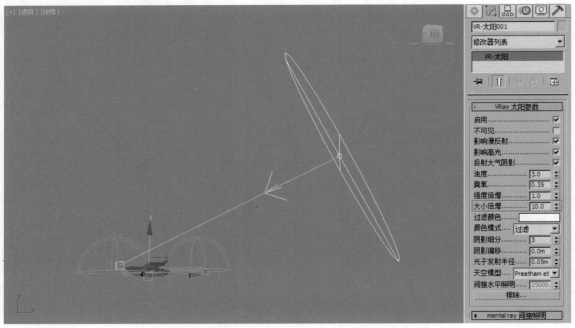

图5-52

05 在创建"灯光"面板中，灯光的下拉列表切换至"标准"，如图5-53所示。

图5-53

06 单击"目标聚光灯"按钮，在"顶"视图中，创建一个目标聚光灯对象，如图5-54所示。

07 选择刚刚创建的目标聚光灯，按下快捷键E，切换至"选择并旋转"功能，并单击"主工具栏"上的"使用变换坐标中心"按钮，将目标聚光灯的选择坐标切换至场景中的坐标原点，如图5-55所示。

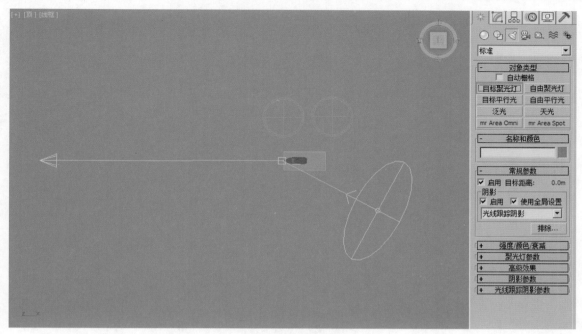

图5-54

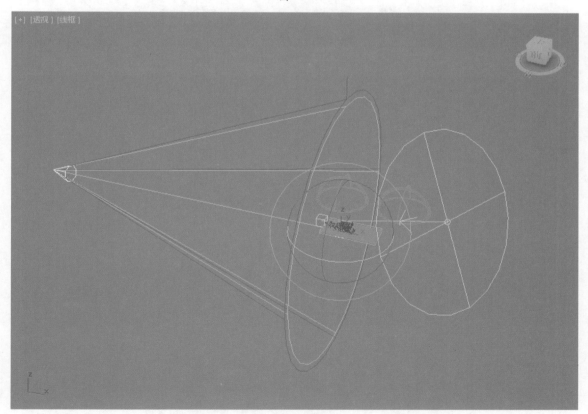

图5-55

08　按下快捷键A，打开角度捕捉功能，以"实例"的方式，每隔45度水平旋转复制出7个灯光，如图5-56和图5-57所示。

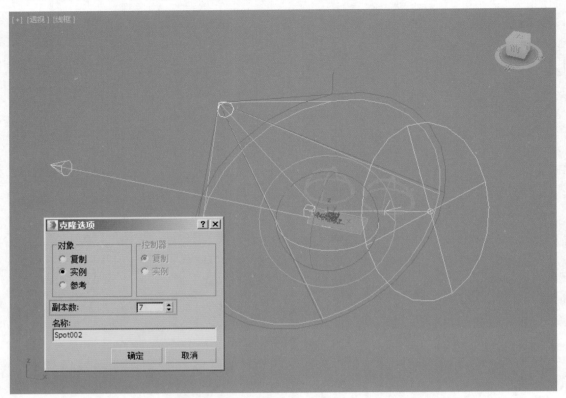

图5-56

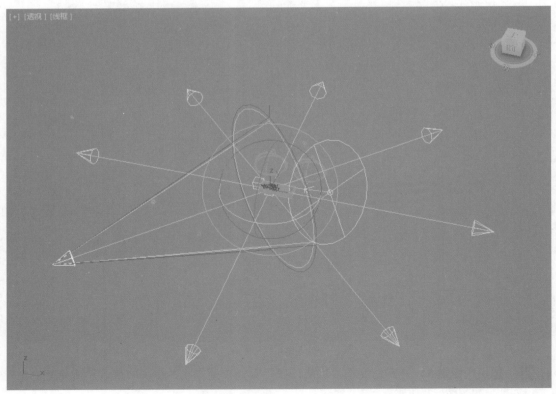

图5-57

09 选择场景中这8个目标聚光灯，按下Shift键，向上复制出一组目标聚光灯，如图5-58所示。

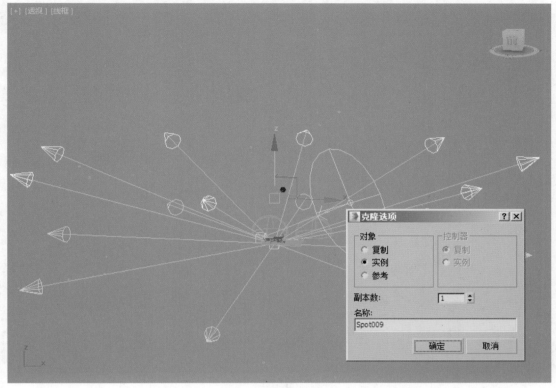

图5-58

10 在"修改"面板中，展开目标聚光灯的"常规参数"卷展栏，在"阴影"组中，取消勾选"启用"选项，如图5-59所示。

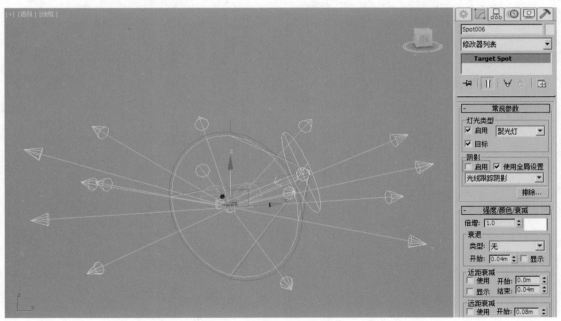

图5-59

11 制作完成后的灯光布置，如图5-60所示。

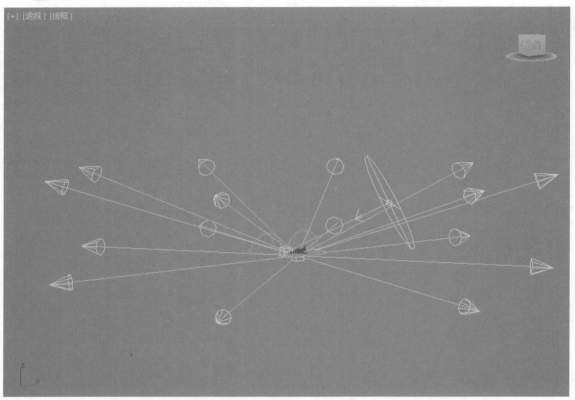

图5-60

12 在创建"摄影机"面板中，将摄影机的下拉列表切换至VRay，单击"VR-物理摄影机"按钮，在"顶"视图中创建一个"VR-物理摄影机"，如图5-61所示。

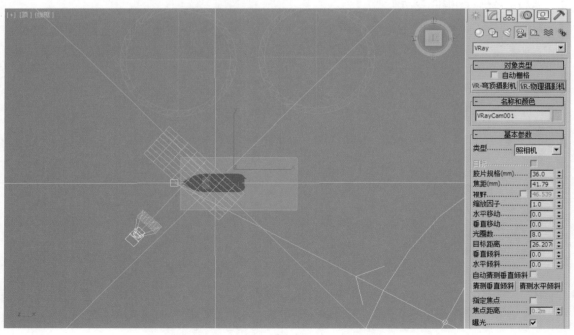

图5-61

13 按下快捷键F，在"前"视图中，调整"VR-物理摄影机"的位置如图5-62所示。

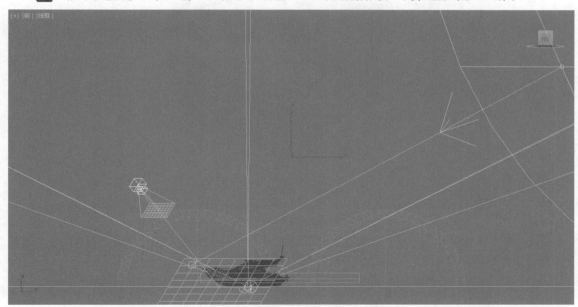

图5-62

14 按下快捷键C，在"摄影机"视图中，观察摄影机的视野，如图5-63所示。

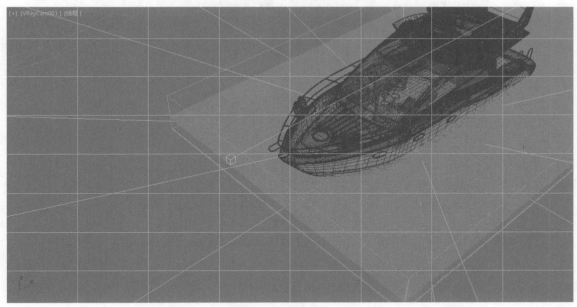

图5-63

15 选择场景中的VR-物理摄影机，单击"主工具栏"上的"选择并链接"按钮，在第0帧时，将其绑定至场景中的游艇模型上。

16 在"修改"面板中，展开"基本参数"卷展栏，取消勾选"目标"选项。这样，摄影机的镜头可以一直捕捉到游艇的行进动画，如图5-64所示。

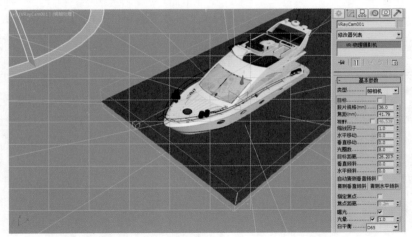

图5-64

17 按下快捷键N，打开"自动关键点"功能。将"时间滑块"按钮拖动至第200帧，调整VR-物理摄影机的角度如图5-65所示位置处，制作出摄影机的镜头动画。

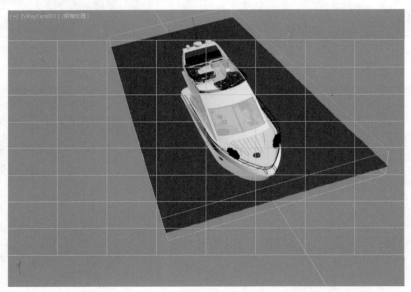

图5-65

18 制作完成的VR-物理摄影机动画在"曲线编辑器"中的显示结果如图5-66所示。

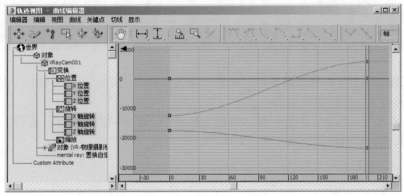

图5-66

19 设置完成后，拖动"时间滑块"按钮，可以在"摄影机"视图中查看制作完成的镜头效果，如图5-67～图5-70所示。

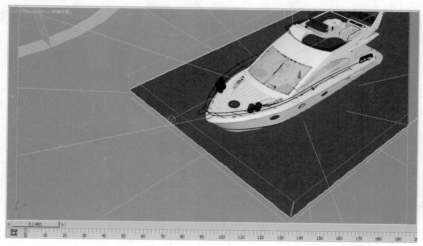

图5-67

图5-68

图5-69

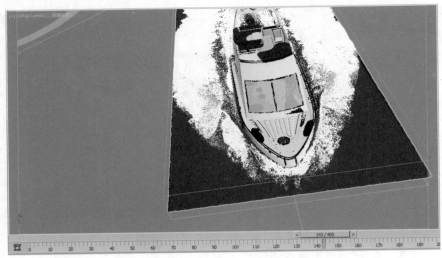

图5-70

5.7 渲染输出

对场景进行摄影机和灯光创建完成后，就可以开始设置渲染了。

01 在"主工具栏"上单击"渲染设置"按钮，打开"渲染设置"面板，将渲染器设置为使用VRay渲染器，如图5-71所示。

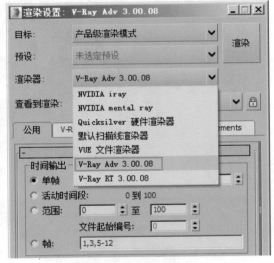

图5-71

02 单击V-Ray选项卡，展开"图像采样器（抗锯齿）"卷展栏，设置"过滤器"为"区域"选项，设置"大小"值为1，使得渲染出来的图像更加清晰一些，如图5-72所示。

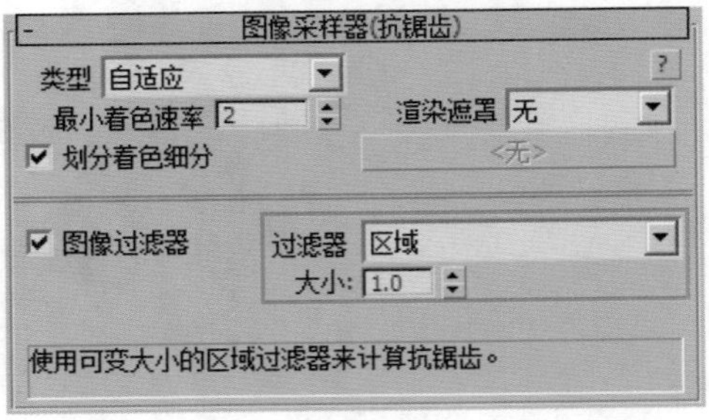

图5-72

03　展开"自适应图像采样器"卷展栏，设置"最小细分"值为1，"最大细分"值为16，如图5-73所示。

04　在"公用"选项卡中，将"时间输出"选择为"活动时间段"选项，将"输出大小"设置为"HDTV（视频）"选项，设置"宽度"值为1280，"高度"值为720，如图5-74所示。

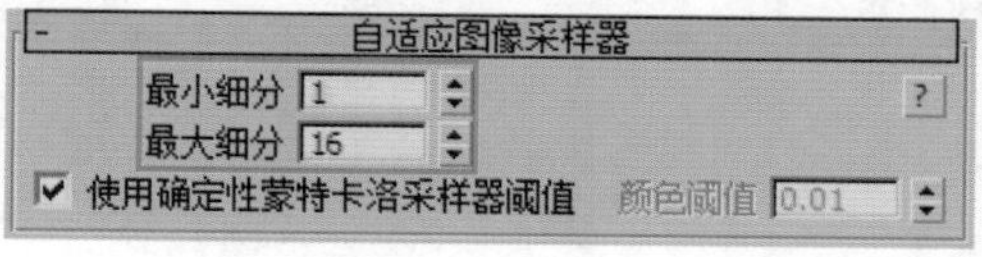

图5-74

图5-73

05　设置完成后，渲染场景，单帧渲染效果如图5-75所示。

图5-75

第6章

巧克力文字特效动画技术

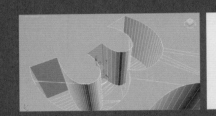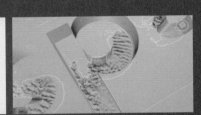

6.1 效果展示及技术分析

本章为主要为大家讲解如何在3ds Max中制作液体流动并逐渐形成文字的动画特效。需要注意的是，本实例中所要模拟的液体为黏稠度较高的液体。

本章的特效动画最终渲染效果如图6-1所示。

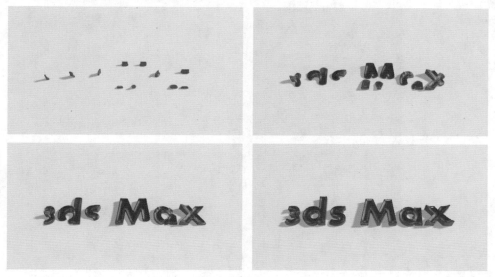

图6-1

6.2 制作凹陷文字模型

01 启动3ds Max软件，执行"自定义"→"单位设置"命令，在弹出的"单位设置"对话框中，设置"显示单位比例"组内的选项为"厘米"，如图6-2所示。

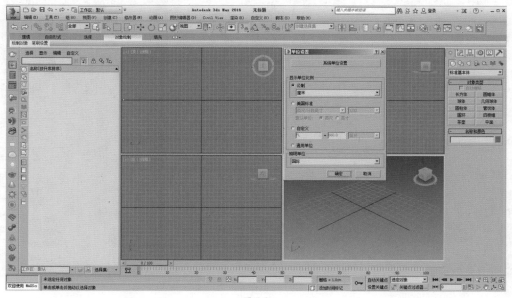

图6-2

02   单击"单位设置"对话框中的"系统单位设置"按钮，在弹出的"系统单位设置"对话框中设置"1单位=1毫米"，如图6-3所示。

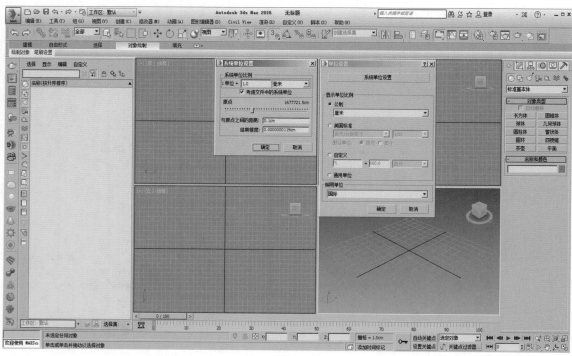

图6-3

03   在"创建"面板中，单击"长方体"按钮，在场景中绘制一个长方体模型，如图6-4所示。

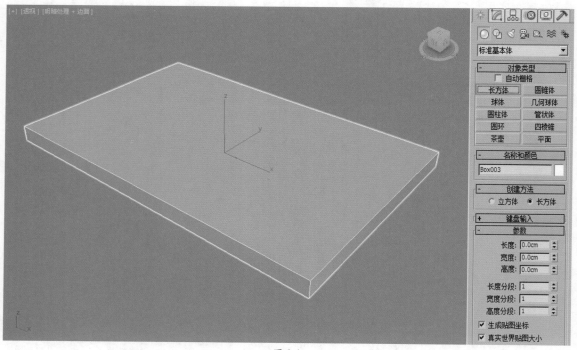

图6-4

04 在"修改"面板中，设置长方体的"长度"值为51.232cm，"宽度"值为79.354cm，"高度"值为3.556cm，如图6-5所示。

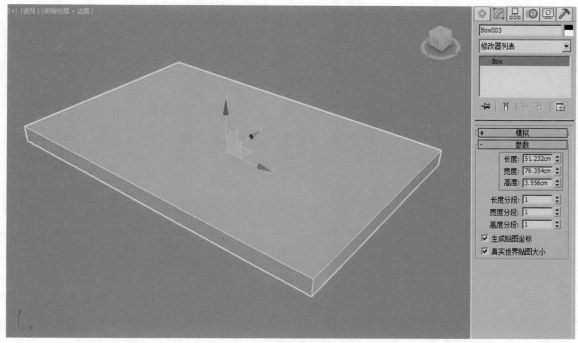

图6-5

05 在"顶"视图中，单击"文本"按钮，在场景中创建一个"文本"图形，如图6-6所示。

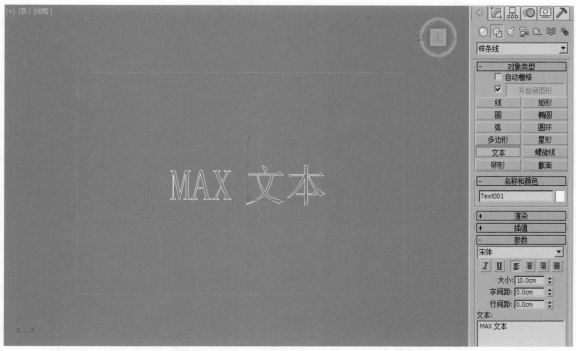

图6-6

06　在"修改"面板中，将"文本"图形的内容更改为"3ds Max"并设置"文本"图形的字体为"Aharoni Bold"字体，如图6-7所示。

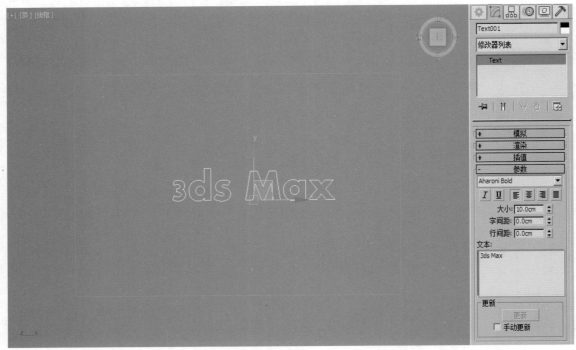

图6-7

07　选择"文本"图形，在"修改器列表"中，为其添加一个"挤出"修改器，如图6-8所示。

图6-8

08　在"修改"面板中，设置挤出的"数量"值为6cm，制作出一个立体效果的文字模型，如图6-9所示。

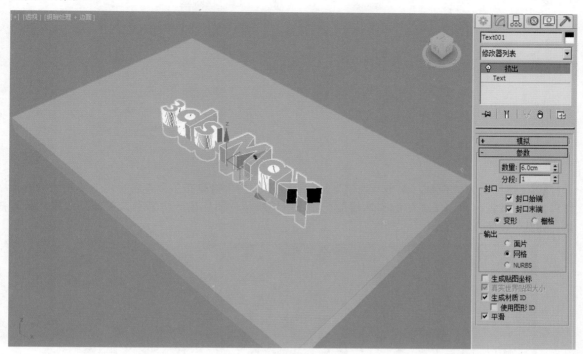

图6-9

09　按下快捷键F，将文字模型和长方体模型的底面调整出一定的间距，如图6-10所示。

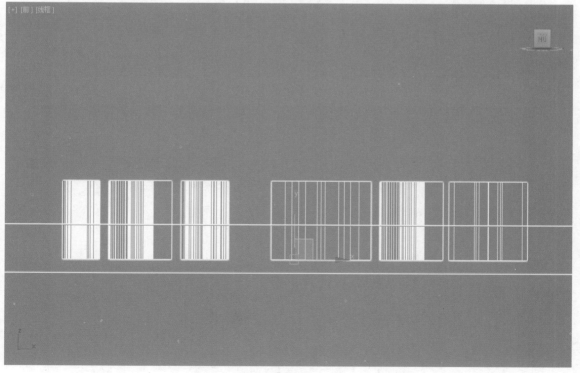

图6-10

10　将"创建"面板的下拉列表选项切换
至"复合对象"，如图6-11所示。

图6-11

11　选择长方体模型，单击"布尔"按钮，在下方的"拾取布尔"卷展栏内，单击"拾取操
作对象B"按钮，单击场景中的文本模型，如图6-12所示。制作出一个带有文字凹陷效果的长方
体，如图6-13所示。

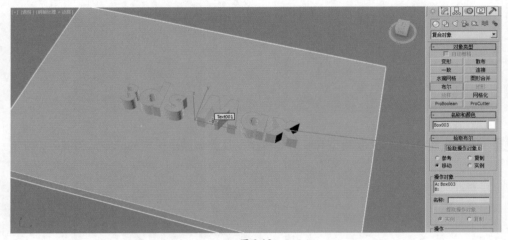

图6-12

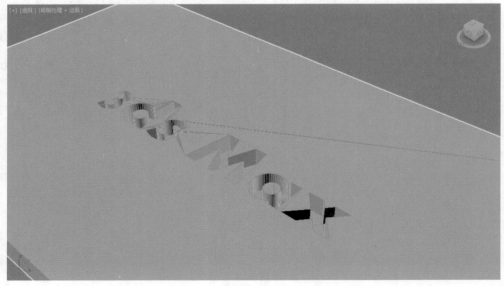

图6-13

6.3 使用PhoenixFD创建液体填充文字动画

6.3.1 创建发射器

01 在场景中选择刚刚创建完成的模型，单击鼠标右键，在弹出的快捷菜单中执行"转换为"→"转换为可编辑的网格"命令，如图6-14所示。

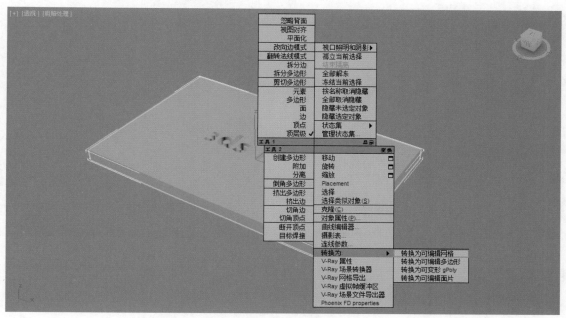

图6-14

02 在"修改"面板中，按下快捷键4，进入"多边形"子层级，如图6-15所示。

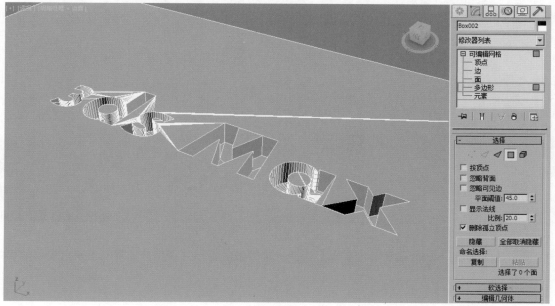

图6-15

03　选择图6-16所示的面，按下Shift键，以拖曳的方式将其复制出来，复制时系统会自动弹出"克隆部分网格"对话框，在此对话框中选择"克隆到对象"选项后，单击"确定"按钮完成面的复制，如图6-17所示。

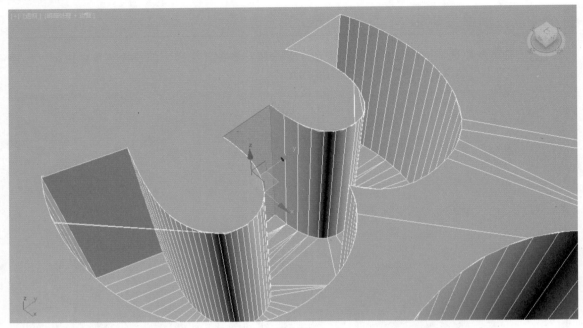

图6-16

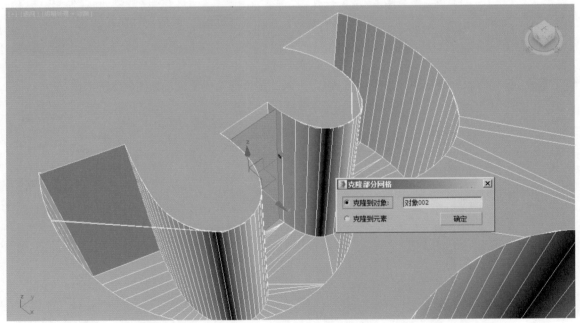

图6-17

04　以相同的方式分别在其他字母上选择一定数量的面，并将其分离复制出来，最终效果如图6-18所示。

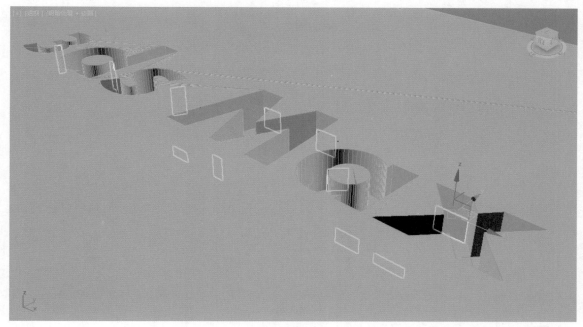

图6-18

05　在场景中，将所有的分离面选中，在"实用程序"面板中，单击"塌陷"按钮，在"塌陷"卷展栏内，单击"塌陷选定对象"按钮，将选择的所有对象塌陷成一个网格对象，如图6-19所示。

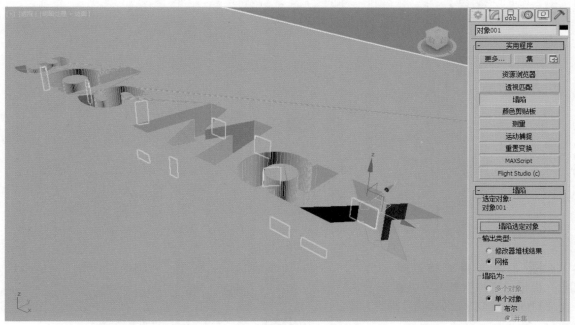

图6-19

06　选择分离出来的物体，按下快捷键4，进入"顶点"子层级，仔细调整各个面上的点，使其不要与之前的文字模型产生交叉，并适当缩小面的面积，如图6-20所示。

图6-20

07 调整完成后的模型如图6-21所示。

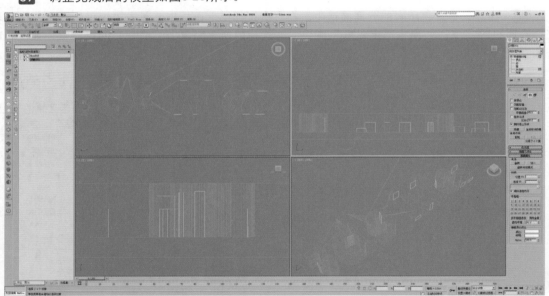

图6-21

08 将创建"辅助对象"面板的下拉列表选项切换至"PhoenixFD",如图6-22所示。

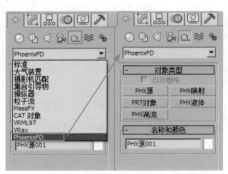

图6-22

09　单击"PHX液体"按钮，在场景中创建一个"PHX液体"对象，如图6-23所示。

图6-23

10　在"修改"面板中，单击"添加"按钮，将场景中分离出来的对象添加进来，将"如果非实体"的方式设置为"注入"，如图6-24所示。

图6-24

11　现在，发射器的基本设置就已经完成了。

6.3.2　设置液体填充

01　将"创建"面板的下拉列表选项切换至"PhoenixFD"，如图6-25所示。

图6-25

02　单击"PHX模拟器"按钮，在"顶"视图中创建一个PHX模拟器，PHX模拟器的大小及位置如图6-26所示。

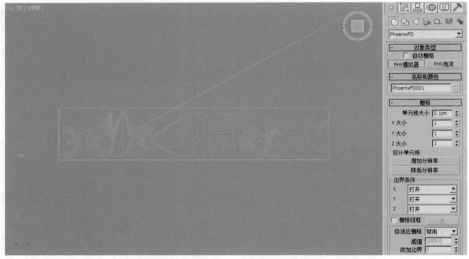

图6-26

03　按下快捷键F，在"前"视图中，调整PHX模拟器的位置至图6-27所示。

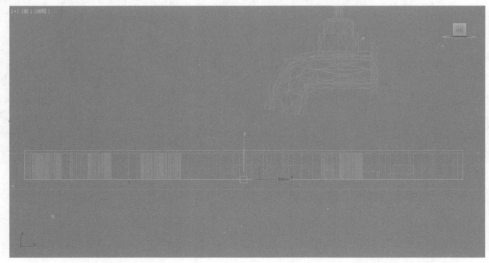

图6-27

04　在"修改"面板中，单击展开"栅格"卷展栏，设置"单元格大小"值为0.08cm，"X大小"值为504，"Y大小"值为102，"Z大小"值为36，在"边界条件"组中，设置Z的计算方式为"干扰(-)"，如图6-28所示。

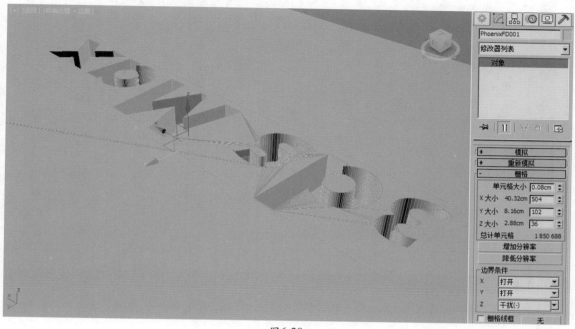

图6-28

单元格的数量除了可以使用"单元格大小"来进行控制，还可以通过单击下方的"增加分辨率"按钮 <kbd>增加分辨率</kbd> 和"降低分辨率"按钮 <kbd>降低分辨率</kbd> 来进行控制，如图6-29所示。

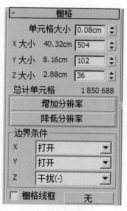

图6-29

05　单击展开"液体"卷展栏，勾选"启用"选项，设置液体的"粘度"值为0.3，"曲面张力"值为0.8，并勾选"刚性曲面模式"选项，如图6-30所示。

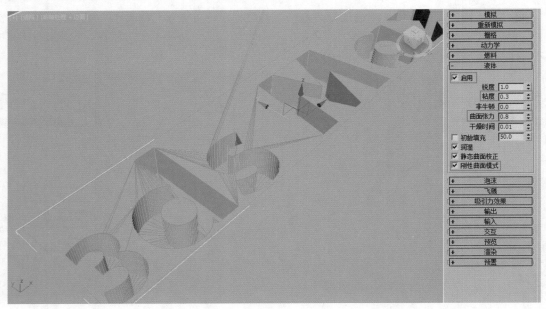

图6-30

　　"粘度"值可以用来控制生成液体的粘稠程度，值越大，液体流动越缓慢。图6-31所示分别为同一时间内，"粘度"值为0和"粘度"值为0.5的液体生成效果。

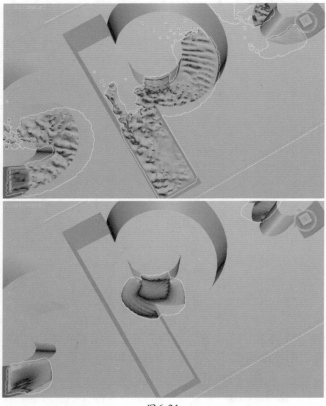

图6-31

06 单击展开"动力学"卷展栏，在"守恒（不灭）"组中，设置"方法"的选项为"平滑"，"质量"值为8，在"材质传输（平流）"组中，设置"方法"的选项为"经典（半拉格朗日）"，"每帧步数"值为4，如图6-32所示。

图6-32

07 在3ds Max软件界面的右下方，单击"时间配置"按钮，打开"时间配置"对话框，设置场景中的时间长度为300帧，设置完成后，单击"确定"按钮关闭该对话框，如图6-33所示。

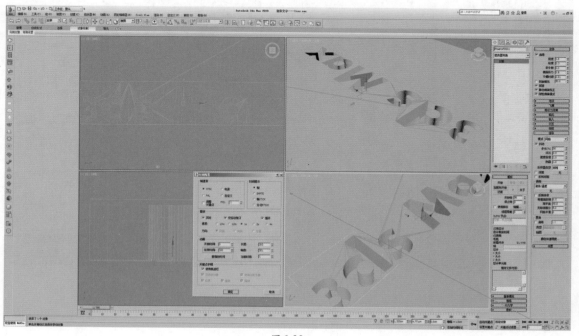

图6-33

08 展开"模拟"卷展栏,单击"开始"按钮,如图6-34所示,即可进行液体填充文字的动画计算。

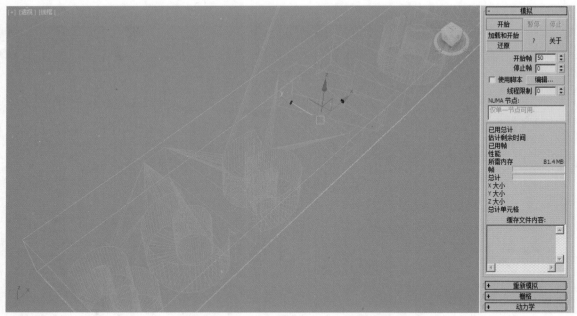

图6-34

09 在计算的过程中,可以在"透视"视图中观察到液体产生的每帧状态,同时,在"模拟"卷展栏中,还可以查看"已用总计""估计剩余时间""已用帧""性能""所需内存"这些与动画计算相关的参数数值,如图6-35所示。

图6-35

10 耐心等待一段时间计算完成后，将"时间滑块"按钮来回拖动，即可观察液体的计算形态。图6-36～图6-39所示分别为第70帧、第110帧、第150帧和第180帧的液体计算效果。

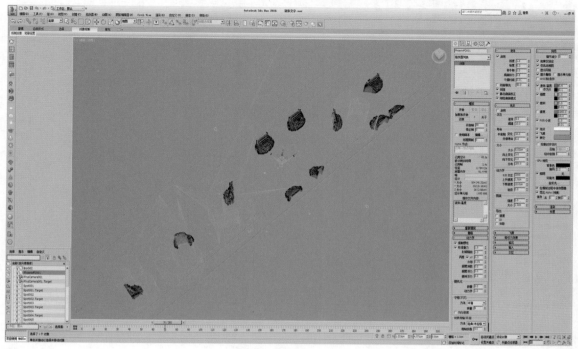

图6-36

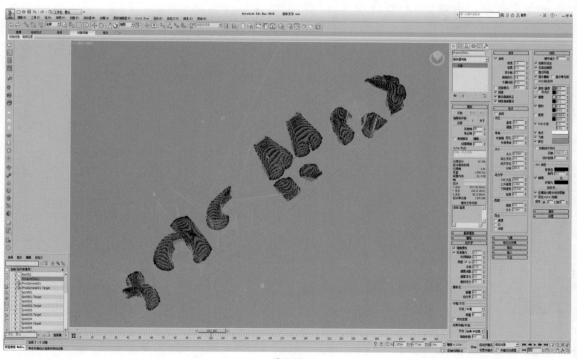

图6-37

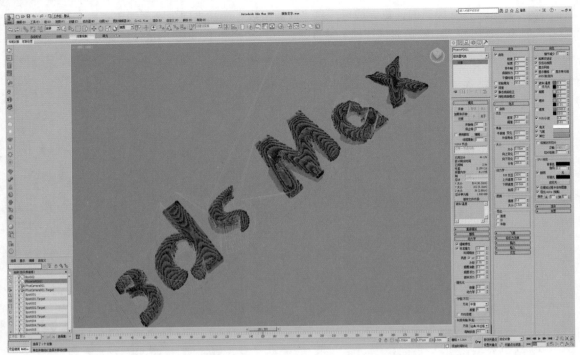

图6-38

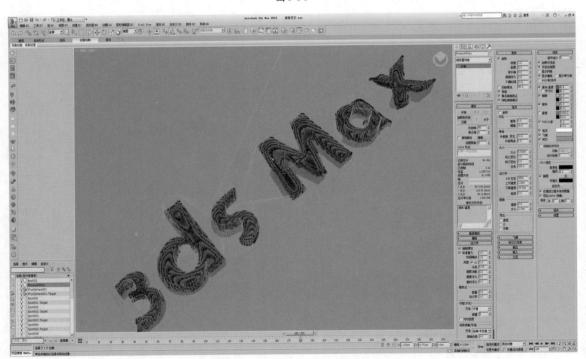

图6-39

11 展开"预览"卷展栏，设置"液体/温度"值为1，增加液体的显示密度，勾选"显示网格"选项，可以在视图中观察呈网格状态显示的液体模型，如图6-40所示。

12 液体的计算模拟完成后，可以看到当液体填充慢凹陷的文字模型后，会产生液体溢出的效果。所以，这时，还应当对液体的产生设置相应的动画来控制液体何时流出、何时流出停止。

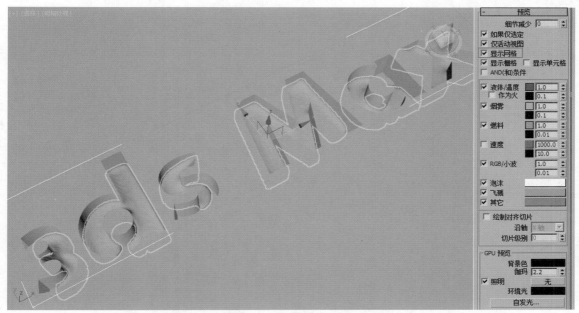

图6-40

13 在场景中选择水龙头形状的"PHX液体"对象，在"修改"面板中，设置"排出（速度）"的值为0，如图6-41所示。

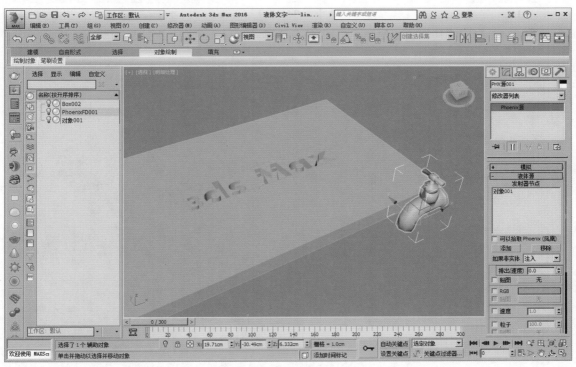

图6-41

14 按下快捷键N，打开"自动关键点"记录功能，将"时间滑块"按钮拖动至第50帧，将鼠标移动至"排出（速度）"参数后面的微调器上，按下组合键：Shift+鼠标右键，为当前数值设置动画关键帧，如图6-42所示。

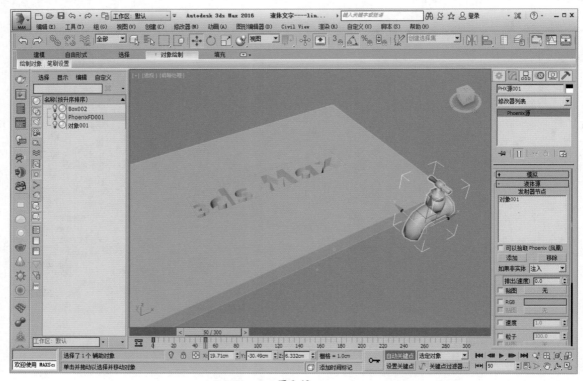

图6-42

15 将"时间滑块"按钮拖动至第101帧，设置"排出（速度）"值为30，为当前数值设置动画关键帧，如图6-43所示。

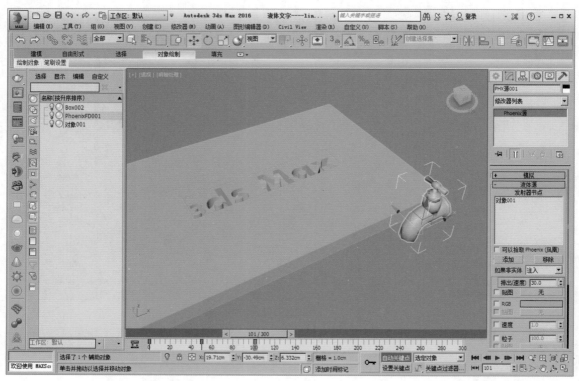

图6-43

16 将"时间滑块"按钮拖动至第175帧，将鼠标移动至"排出（速度）"参数后面的微调器上，按下组合键：Shift+鼠标右键，为当前数值设置动画关键帧，如图6-44所示。

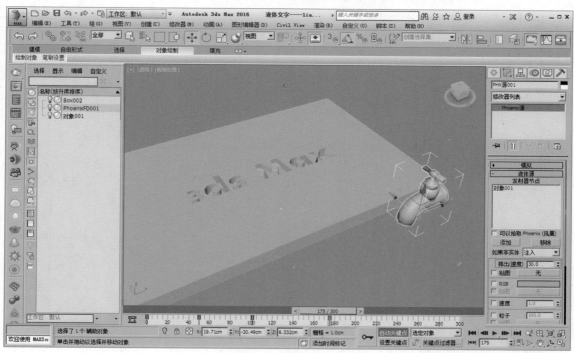

图6-44

17 将"时间滑块"按钮拖动至第219帧，设置"排出（速度）"值为0，为当前数值设置动画关键帧，如图6-45所示。

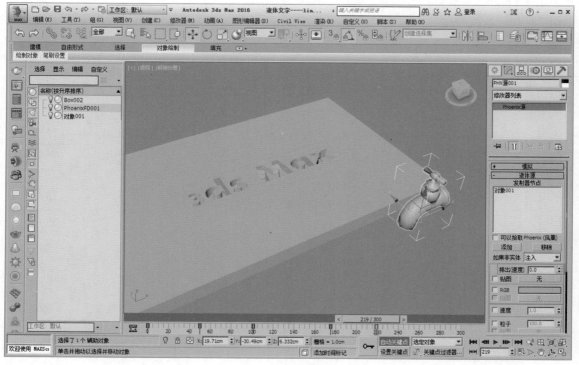

图6-45

18 单击"主工具栏"上的"曲线编辑器"按钮，在弹出的"轨迹视图-曲线编辑器"中，可以观察"排出（速度）"的动画曲线设置，如图6-46所示。

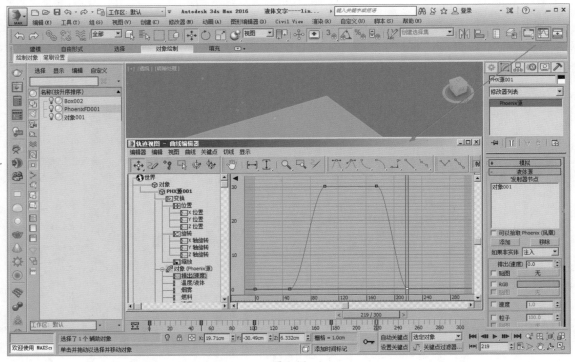

图6-46

19 展开"模拟"卷展栏，设置模拟的"开始帧"为50，单击"开始"按钮。这样，液体动画直接从第50帧的位置处开始计算，如图6-47所示。

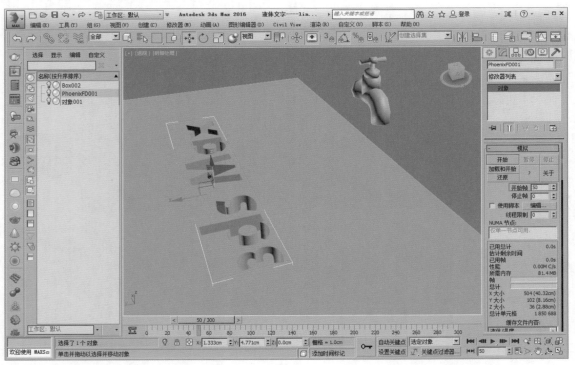

图6-47

20 液体的最终计算效果如图6-48所示。

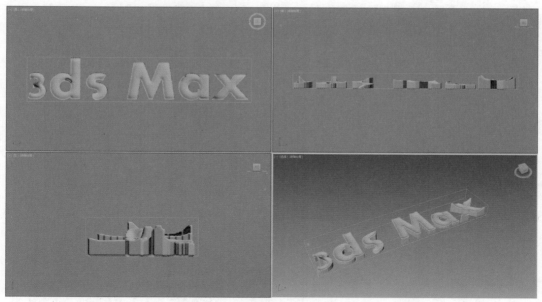

图6-48

6.4 巧克力材质制作

01 按下快捷键M，打开"材质编辑器"面板，选择一个空白材质球，更改为VRayMtl材质球，并重命名材质名称为"巧克力"，如图6-49所示。

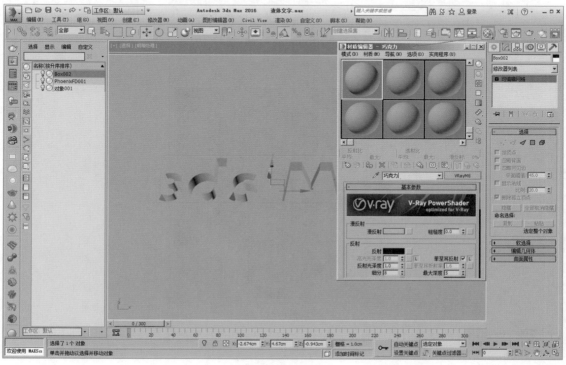

图6-49

02 在"漫反射"组中，设置"漫反射"的颜色为棕色（红：30，绿：12，蓝：3），在"反射"组中，设置"反射"的颜色为白色（红：255，绿：255，蓝：255），"反射光泽度"值为0.7，"细分"值为16，制作出巧克力材质的颜色及高光，如图6-50所示。

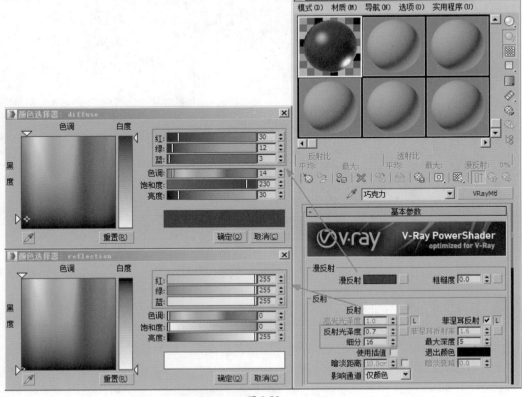

图6-50

03 制作完成的巧克力材质球显示效果如图6-51所示。

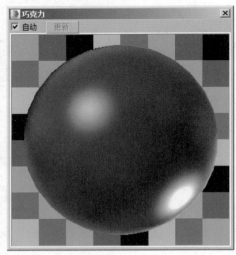

图6-51

04 将制作好的材质以拖曳的方式赋予液体模型，如图6-52所示。

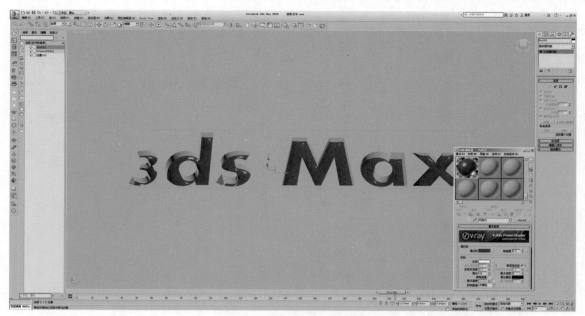

图6-52

05 在场景中选择文字模型，单击鼠标右键，在弹出的快捷菜单中选择"隐藏选定对象"命令，将该模型隐藏起来，如图6-53所示。

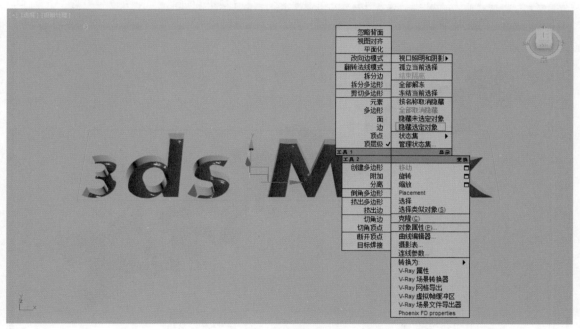

图6-53

06 在"创建"面板中，将下拉列表切换至VRay，单击"VR-平面"按钮，在场景中创建一个"VR-平面"物体，如图6-54所示。

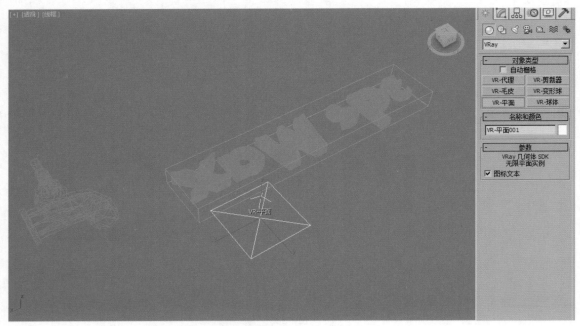

图6-54

07 渲染场景，即可得到一个液体慢慢填充成文字的动画序列，如图6-55所示。

图6-55

第7章

连续爆破特效动画技术

7.1 效果展示及技术分析

本章为大家讲解如何在3ds Max中制作连续爆炸的动画特效。这一特效需要使用PhoenixFD插件中的"PHX源"对象来制作爆炸的源对象。

本章的特效动画最终渲染效果如图7-1所示。

图7-1

7.2 场景介绍

01 启动3ds Max软件，在制作爆炸之前，我们先将场景中的单位设置好，由于是模拟场景爆炸，而不是小的火苗燃烧，所以场景中的单位设置需要大一些。

02 执行"自定义"→"单位设置"命令，在弹出的"单位设置"对话框中，设置"显示单位比例"组内的选项为"米"，如图7-2所示。

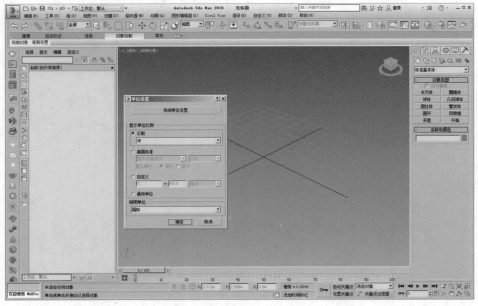

图7-2

03 单击"单位设置"对话框中的"系统单位设置"按钮，在弹出的"系统单位设置"对话框中设置"1单位=0.1米"，如图7-3所示。

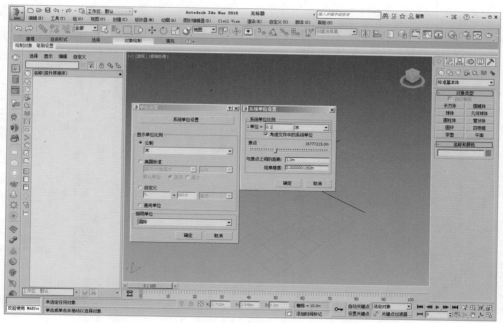

图7-3

04 单位设置完成后，就可以进行接下来的爆炸场景制作了。

7.3 使用 PhoenixFD创建第一个爆炸

7.3.1 创建发射器

01 在"创建"面板中，单击"平面"按钮，在场景中创建一个平面，如图7-4所示。

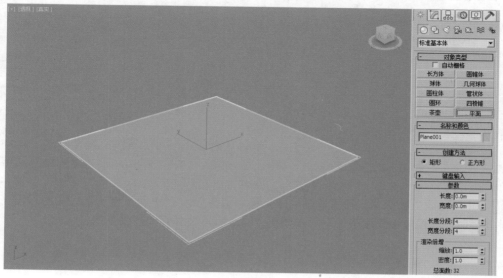

图7-4

02 在"修改"面板中，设置平面的"长度"值为200m，"宽度"值为200m，如图7-5所示。

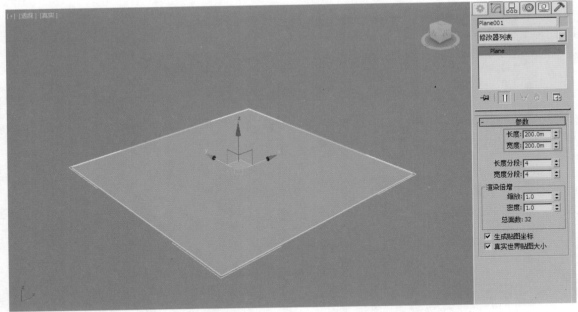

图7-5

03 在"创建"面板中，单击"球体"按钮，在场景中创建一个球体，如图7-6所示。

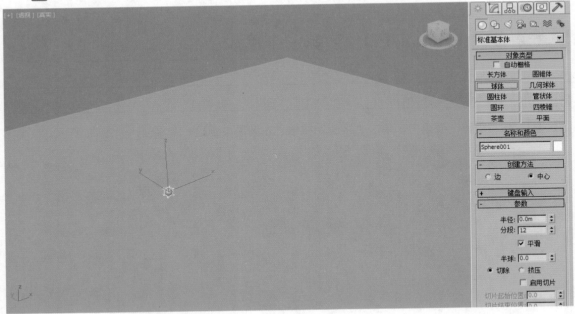

图7-6

04 在"修改"面板中，设置球体的"半径"值为1m，"分段"值为12，如图7-7所示。设置球体半径时，我们应该先设想一下，一个半径就是1m的物体爆炸所发生的样子。

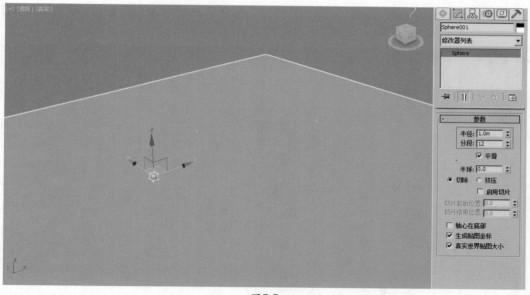

图7-7

05 将"辅助对象"面板的下拉列表选项切换至"PhoenixFD",如图7-8所示。

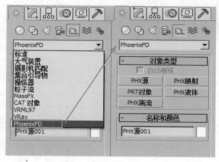

图7-8

06 单击"PHX源"按钮,在场景中创建一个外形酷似燃料桶模型的"PHX源"对象,如图7-9所示。

图7-9

07 在"修改"面板中，单击"添加"按钮，将场景中的球体添加进来，设置"如果非实体"的选项为"注入"，"排出（速度）"值为0，如图7-10所示。

图7-10

7.3.2 创建爆炸特效

01 将"创建"面板的下拉列表选项切换至"PhoenixFD"，如图7-11所示。

图7-11

02 单击"PHX模拟器"按钮，在"顶"视图中创建一个PHX模拟器，如图7-12所示。

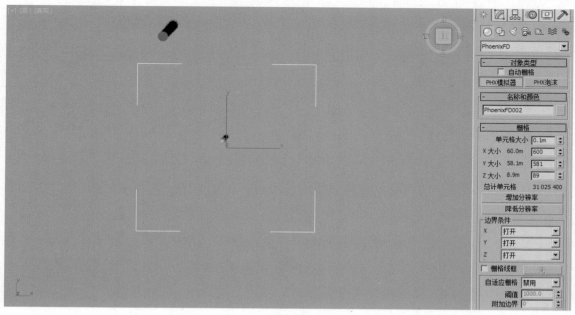

图7-12

03 在"修改"面板中，设置"单元格大小"值为0.12m，"X大小"值为500，"Y大小"值为500，"Z大小"值为250，设置完成后，可以看到"总计单元格"数值为62500000，如图7-13所示。

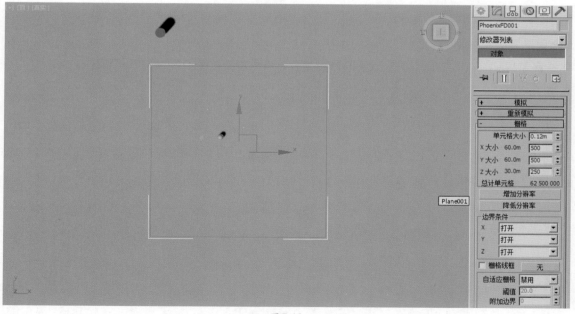

图7-13

04 展开"动力学"卷展栏，设置"烟雾消散"值为0.3，在"守恒（不灭）"组中，设置"方法"为"对称"选项，"质量"值为40，在"材质传输（平流）"组中，设置"方法"为"多过程"选项，"每帧步数"值为1，如图7-14所示。

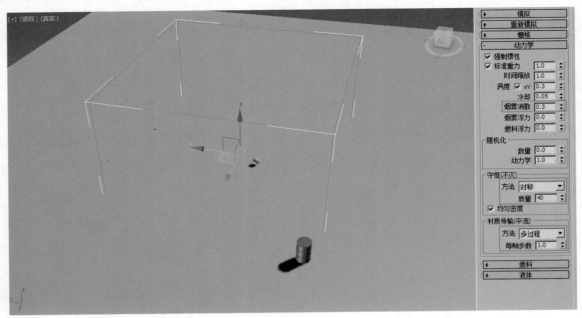

图7-14

05 设置完成后，就可以开始进行爆炸特效的动画模拟计算了。在场景中选择"PHX源"对象，按下快捷键N，打开"自动关键点"功能，将"时间滑块"按钮拖动至第40帧，在"修改"面板中，对"PHX源"对象的"排出（速度）"值设置关键帧，如图7-15所示。

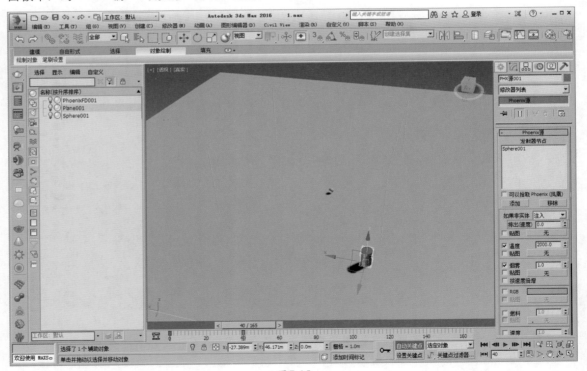

图7-15

06 将"时间滑块"按钮拖动至第41帧，设置"PHX源"对象的"排出（速度）"值为3000，这样，爆炸的发生时间就会在场景中的第41帧开始，如图7-16所示。

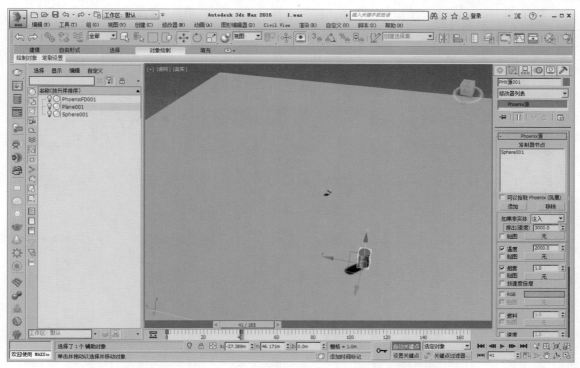

图7-16

"排出（速度）"值可以用来控制爆炸一瞬间的火焰喷射程度，值越大，喷射的效果越猛烈，图7-17和图7-18所示分别为"排出（速度）"值是1000和3000时，同一时间下的计算结果对比。

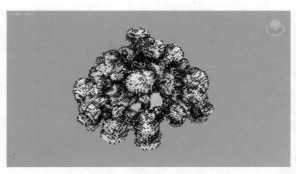

图7-17

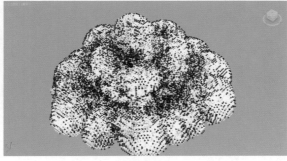

图7-18

07　将"时间滑块"按钮拖动至第49帧，设置"PHX源"对象的"排出（速度）"值为0，这样，爆炸的结束时间就设置在场景中的第49帧，如图7-19所示。

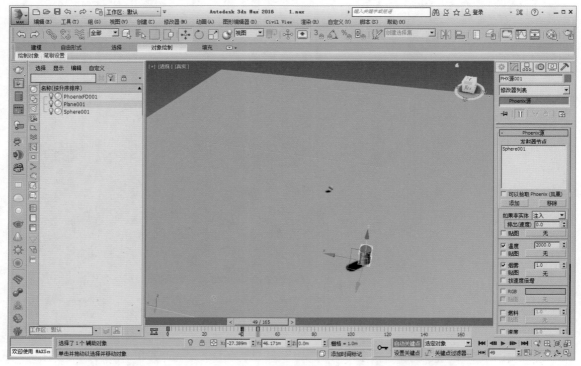

图7-19

08　设置完成后，展开"模拟"卷展栏，单击"开始"按钮，进行爆炸计算，如图7-20所示。

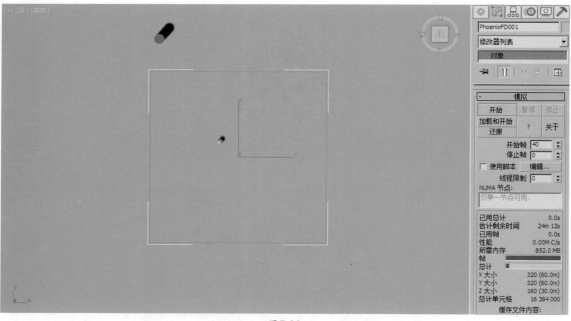

图7-20

09 经过一段时间的计算后，即可在"透视"视图中观察计算完成后的爆炸显示效果，如图7-21~图7-24所示。

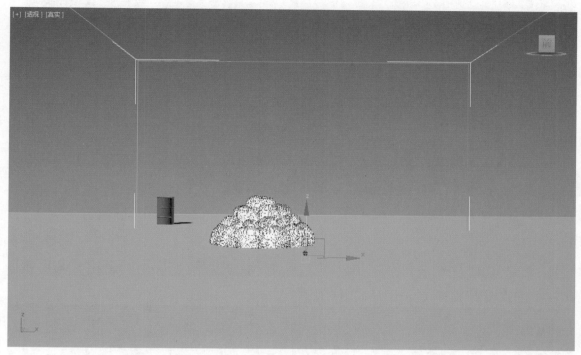

图7-21

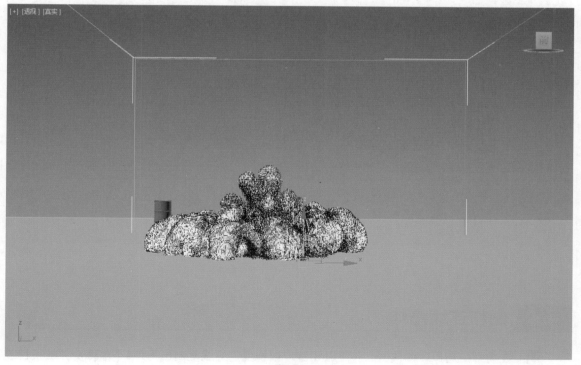

图7-22

图7-23

图7-24

7.4 制作连续爆炸

01 在场景中选择球体模型，按下Shift键，以拖曳的方式复制出另外4个球体，并随机摆放它们的位置，如图7-25所示。

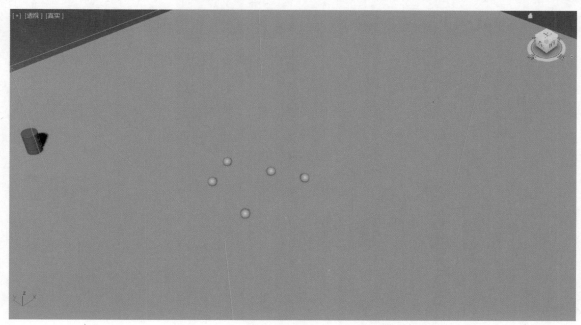

图7-25

02 选择场景中的"PHX源"对象，按下Shift键，以拖曳的方式复制出另外4个"PHX源"对象，如图7-26所示。

图7-26

03 依次选择场景中新复制出来的"PHX源"对象，在"修改"面板中，将"发射器节点"内的原有对象"移除"，并单击"添加"按钮，将"发射器节点"更改为新复制出来的球体。设置完成后，正好每个"PHX源"对象都对应拾取一个球体作为新的"发射器节点"，如图7-27所示。

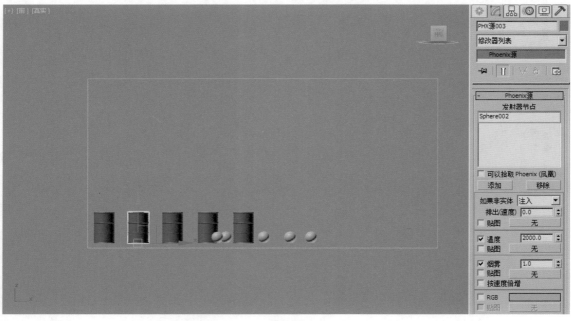

图7-27

04 在3ds Max软件界面的右下方,单击"时间配置"按钮██,如图7-28所示。

图7-28

05 打开"时间配置"对话框,设置场景中的时间长度为165帧,设置完成后,单击"确定"按钮关闭该对话框,如图7-29所示。

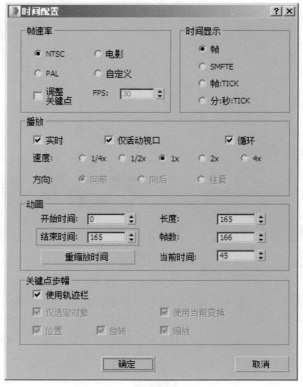

图7-29

06　选择场景中新复制出来的"PHX源"对象，在"轨迹栏"上，随机更改"PHX源"对象的关键帧位置，控制"PHX源"对象的爆炸时间在不同的帧数上，如图7-30所示。

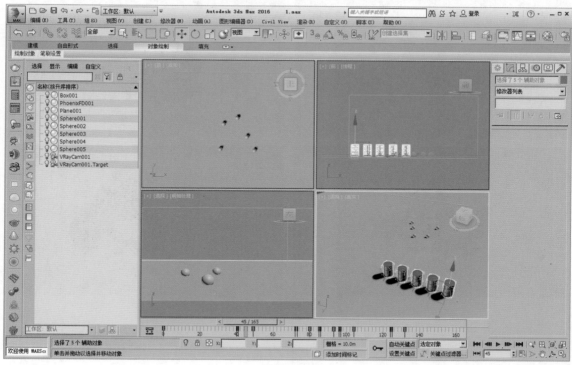

图7-30

07　设置完成后，选择场景中的"PHX模拟器"对象，在"修改"面板中，展开"模拟"卷展栏，单击"开始"按钮，即可开始连续爆炸场景的爆炸动画计算，如图7-31所示。

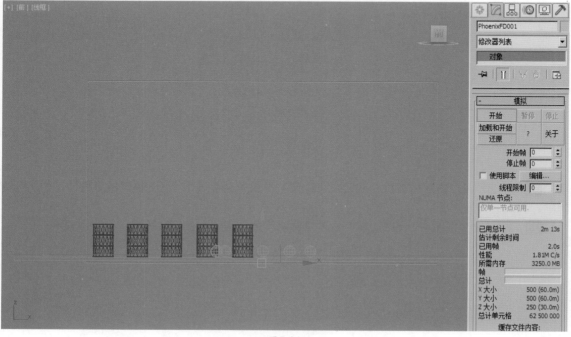

图7-31

08 等待一段时间后，即可在"透视"视图中观察连续爆炸的生成结果，如图7-32所示。

图7-32

7.5　渲染场景

01 将"摄影机"面板的下拉列表选项切换至"VRay"，如图7-33所示。

图7-33

02 单击"VR-物理摄影机"按钮，在"顶"视图中创建一个"VR-物理摄影机"，如图7-34所示。

03 在"左"视图中，调整"VR-物理摄影机"的位置，如图7-35所示。

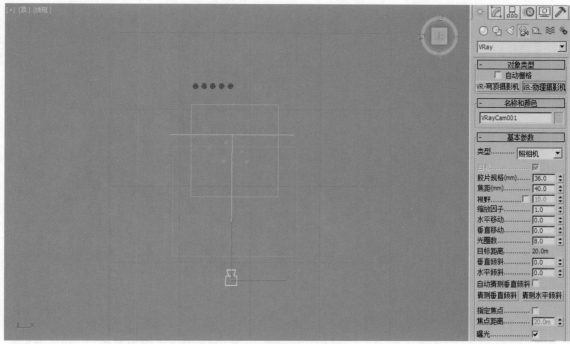

图 7-34

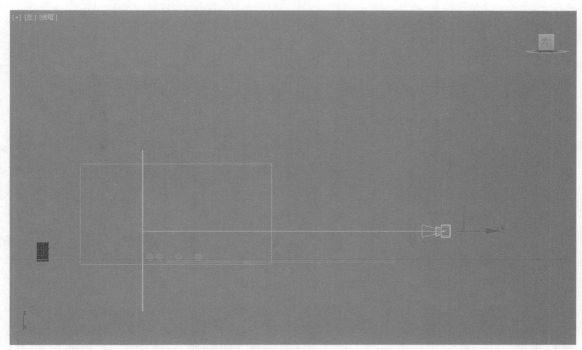

图 7-35

04 按下快捷键C，在"摄影机"视图中观察场景，如图7-36所示。

图7-36

05 设置完成后，渲染场景，渲染效果如图7-37所示。

图7-37

06 在默认状态下对场景进行渲染，可以看到爆炸的火焰亮度看起来较低，渲染效果很不理想。所以，下面我们需要调整一下"渲染"卷展栏内的参数设置。

07 展开"渲染"卷展栏，单击"颜色和透明度"按钮，如图7-38所示。

图7-38

08　在弹出的"PhoenixFD：渲染参数"面板中，展开"火"卷展栏，如图7-39所示。

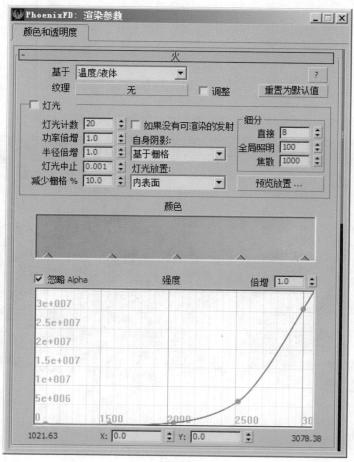

图7-39

09 勾选"灯光"选项,并设置"灯光计数"值为30,在"细分"组中,设置"直接"值为32,并调整"强度"曲线至图7-40所示。

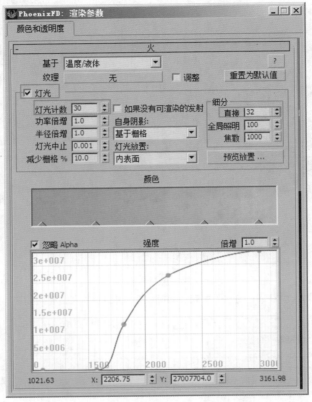

图7-40

10 在"摄影机"视图中,可以观察到添加了灯光的爆炸效果,如图7-41所示。

图7-41

11 　再次渲染场景，渲染效果如图7-42所示。

图7-42

　　"灯光计数"的值用来控制爆炸所产生的灯光效果对场景的照明影响，值越大，就会在场景中对爆炸以外的物体照明产生更多的细节。图7-43和图7-44所示分别为"灯光计数"的值是4和30的渲染效果对比。

图7-43

图7-44

12 本案例的最终渲染序列如图7-45所示。

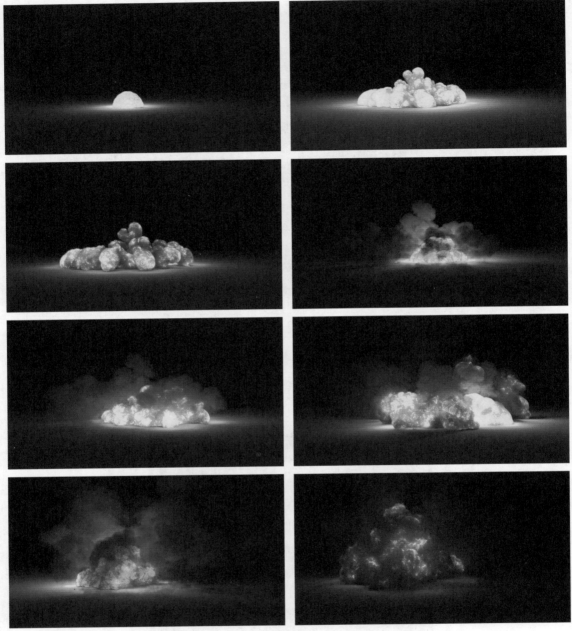

图7-45

第8章

饮料倾倒动画特效技术

8.1　效果展示及技术分析

　　本章为主要大家讲解如何在3ds Max中制作效果写实的饮料倾倒特效，需要注意的是，制作这一特效要使用到Chaosgroup公司生产的Phoenix FD火凤凰插件来进行流体动画计算。

　　本章的特效动画最终渲染效果如图8-1所示。

图8-1

8.2　场景介绍

01　打开场景文件，本场景文件为一个已经设置好材质的玻璃杯模型，如图8-2所示。

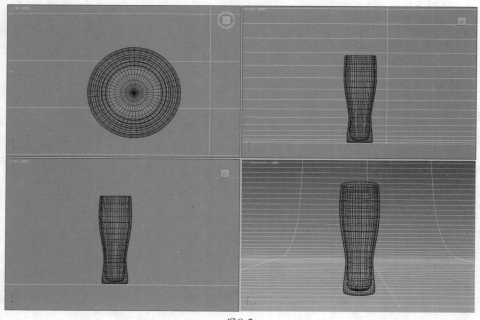

图8-2

02 执行"自定义"→"单位设置"命令，打开"单位设置"对话框，将"显示单位比例"设置为"米"，单击"系统单位设置"按钮，在弹出的"系统单位设置"对话框中设置"1单位=1毫米"，如图8-3所示。

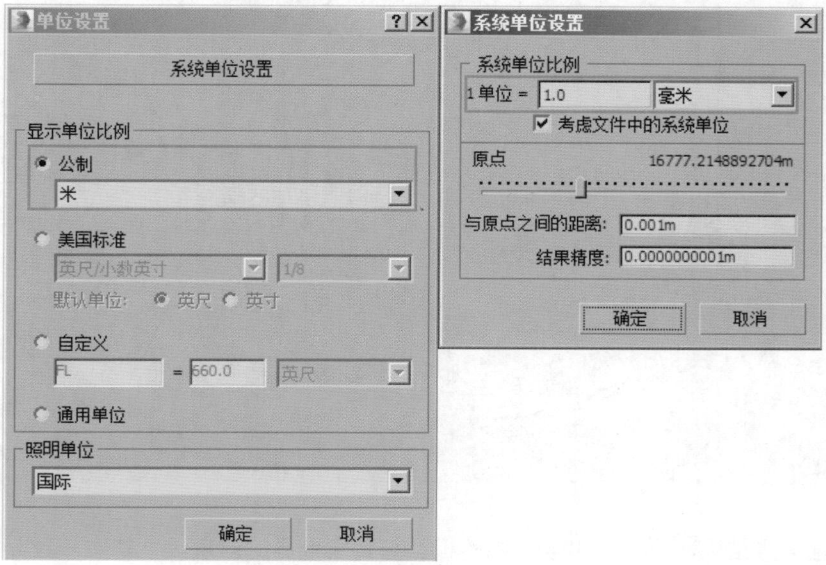

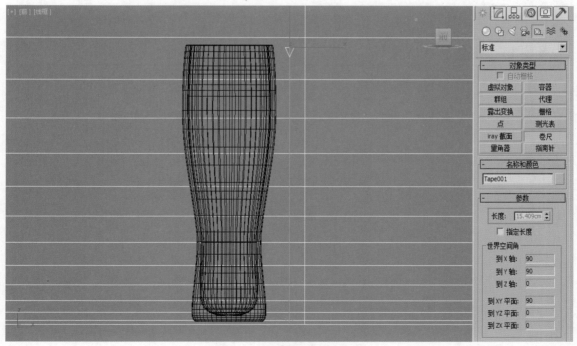

图8-3

03 将"创建"面板切换至创建"辅助对象"面板，单击"卷尺"按钮，在"前"视图中创建一个卷尺来测量玻璃杯模型的高度，在"参数"卷展栏中，即可以查看当前玻璃杯的高度约为15.409cm，符合真实世界中的对象尺寸，如图8-4所示。

图8-4

04 以同样的方式检测玻璃杯模型的直径，可以测得玻璃杯直径大约是5.721cm，如图8-5所示。

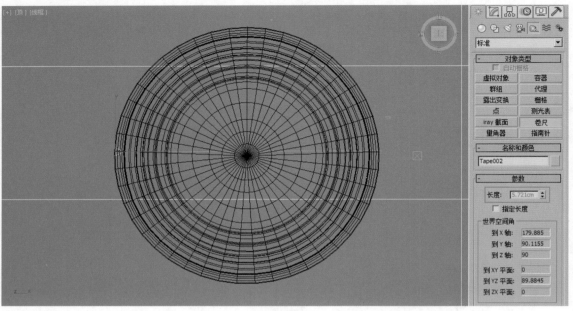

图8-5

05 根据测量结果，可以看出场景中的模型与真实世界的对象尺寸基本一致，那么就可以进行接下来的动画模拟了。

8.3 使用PhoenixFD制作液体喷射装置

8.3.1 创建"PHX液体"对象

01 将"创建"面板切换至创建"辅助对象"面板，并设置下拉列表选项为"PhoenixFD"，如图8-6所示。

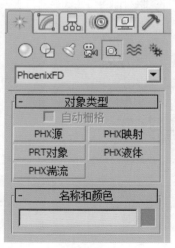

图8-6

02 单击"PHX液体"按钮，在场景中创建一个"PHX液体"对象，如图8-7所示。

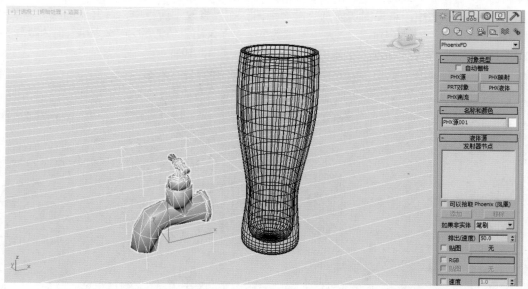

图8-7

03 将"创建"面板的下拉列表选项切
换至"PhoenixFD",如图8-8所示。

图8-8

04 单击"PHX模拟器"按钮,在"顶"视图中创建一个PHX模拟器,PHX模拟器的大小与
场景中的玻璃杯模型尺寸大小相近就可以,如图8-9所示。

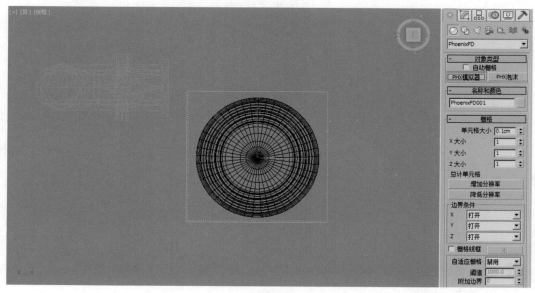

图8-9

05 按下快捷键F，将视图切换至"前"视图。在"修改"面板中，展开"栅格"卷展栏，设置"单元格大小"值为0.1m，"X大小"值为60，"Y大小"值为60，"Z大小"值为213，设置完成后，可以看到"总计单元格"的数值显示为766800，如图8-10所示。

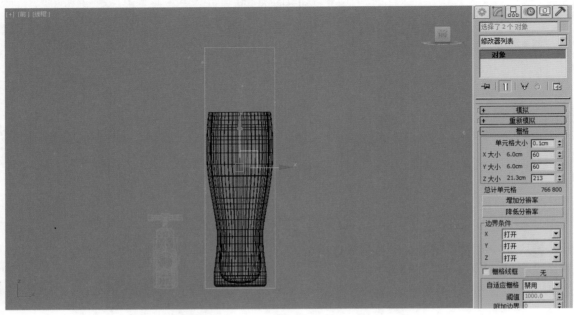

图8-10

小技巧：

设置好"单元格大小"后，可以通过单击下方的"增加分辨率"按钮 [增加分辨率] 和"降低分辨率"按钮 [降低分辨率] 来微调改动"单元格大小"的值，如图8-11所示。

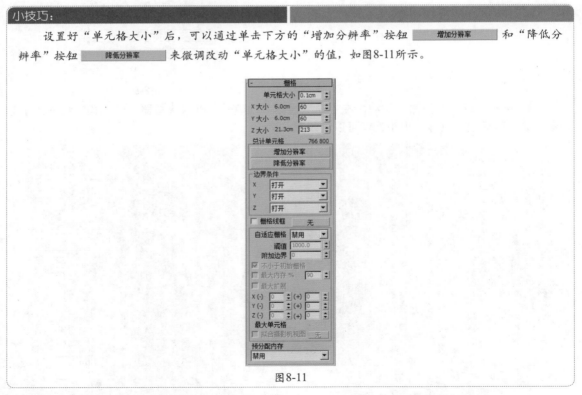

图8-11

06 在场景中创建完PHX模拟器和PHX液体后，接下来开始创建液体的发射源。

8.3.2　设置"PHX液体"发射源

01　在场景中创建一个圆柱体作为PHX液体的发射源，如图8-12所示。

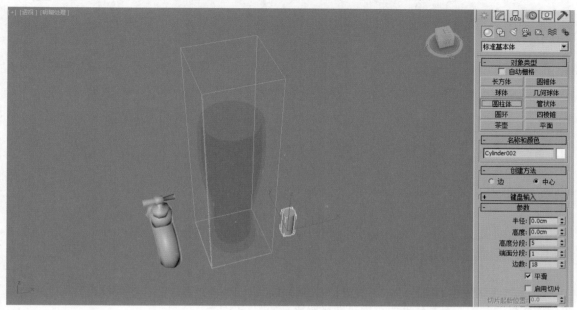

图8-12

02　在"透视"视图中，将创建好的圆柱体移动至玻璃杯模型的上方，并调整角度至图8-13所示。

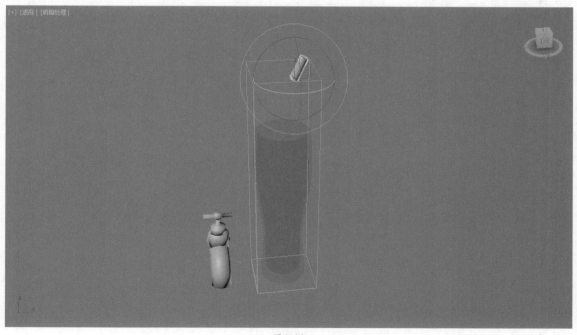

图8-13

03　在场景中选择那个水龙头造型的PHX液体，在"修改"面板中，展开"液体源"卷展栏，单击"添加"按钮 添加，拾取场景中的圆柱体作为PHX液体的发射器，如图8-14所示。

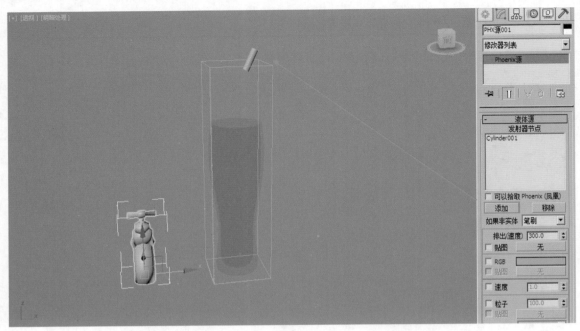

图8-14

04 选择场景中的圆柱体，单击鼠标右键，在弹出的快捷菜单中执行"转换为"→"转换为可编辑网格"命令，将其转换为可编辑网格对象，如图8-15所示。

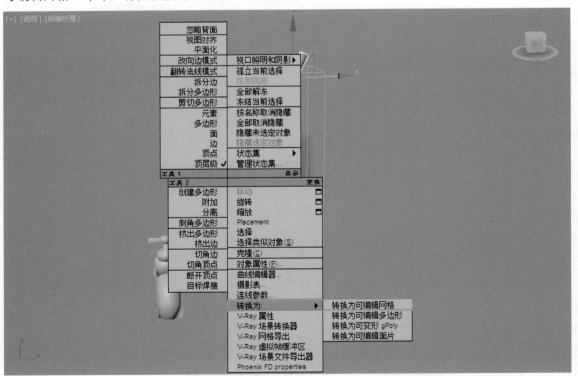

图8-15

05 在"修改"面板中，进入"多边形"子层级，选择圆柱体所有的面。在"曲面属性"卷展栏中，设置面的ID为2，如图8-16所示。

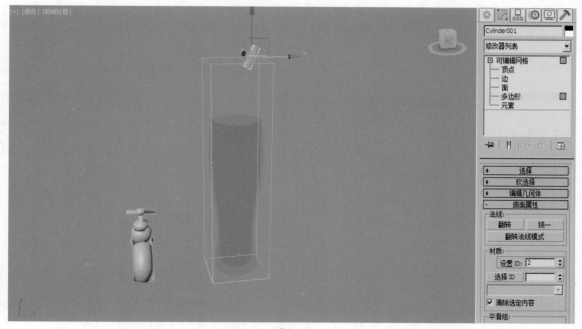

图8-16

06　选择圆柱体的底面，在"曲面属性"卷展栏中，设置面的ID为1，如图8-17所示。

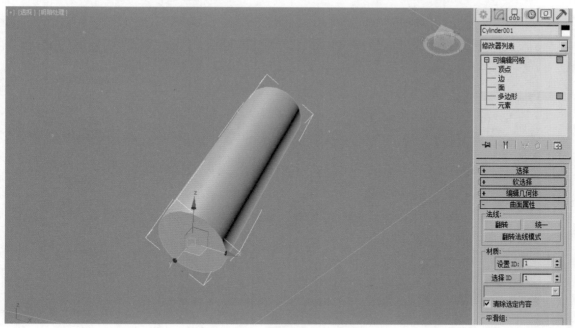

图8-17

07　设置完成后，选择PHX液体，在"修改"面板中，将"多边形ID"的值设置为1，设置PHX液体发射器的发射节点为圆柱体内ID号为1的面来发射液体，如图8-18所示。

08　设置完成后，选择场景中的PHX模拟器，在"修改"面板中，展开"液体"卷展栏，勾选"启用"选项，如图8-19所示。

09　展开"模拟"卷展栏，单击"开始"按钮，即可看到液体从圆柱体的底部面发射出来，如图8-20所示。

图8-18

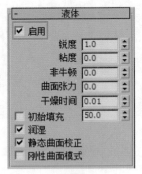

图8-19

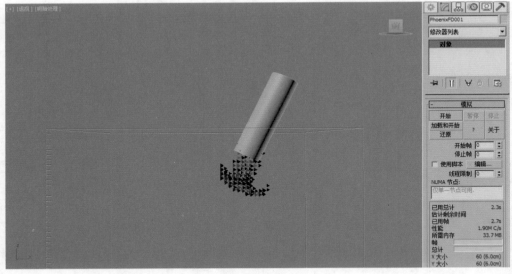

图8-20

10 在默认状态下，由于"PHX液体"的液体排出速度值是固定不变的，这样会导致液体的倾倒动画给人的感觉是一成不变的，比较单一。所以，接下来对"PHX液体"的"排出（速度）"值添加一些关键帧，来丰富液体的流出动画。

11 按下快捷键N键，打开"自动关键点"功能。选择场景中的"PHX液体"对象，在第0帧时，设置"排出（速度）"值为300；在第41帧时，设置"排出（速度）"值为300；在第46帧时，设置"排出（速度）"值为20；在第54帧时，设置"排出（速度）"值为300；在第88帧时，设置"排出（速度）"值为300；在第94帧时，设置"排出（速度）"值为20；在第103帧时，设置"排出（速度）"值为300。设置完成后，按下快捷键N，关闭"自动关键点"功能。这样，"PHX液体"对象在发射液体时，由于"排出（速度）"的值产生了变动，液体的流出也产生了相应的动画。

12　选择场景中的PHX模拟器，再次单击"开始"按钮，进行液体流入模拟，直到液体即将填满整个玻璃杯的模型时，记下时间帧数，以便制作液体倾倒结束动画。

13　再次按下快捷键N，打开"自动关键点"功能。选择场景中的"PHX液体"对象，在第150帧时，设置"排出（速度）"值为300；在第160帧时，设置"排出（速度）"值为0，设置完成后，按下N键，关闭"自动关键点"功能。这样，"PHX液体"对象的液体发射结束动画就制作完成了，设置好的关键帧如图8-21所示。

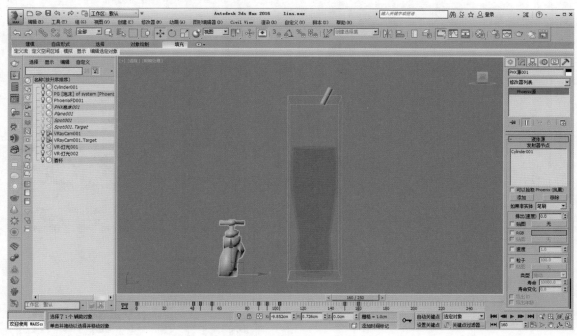

图8-21

小技巧：

当进行液体倾倒动画模拟时，如果出现液体流出器皿以外的情况，如图8-22所示，有以下两种方法可以解决这一问题。

一是在"栅格"卷展栏中，降低"单元格大小"的值，提高栅格的分辨率。

二是增加器皿模型的厚度，可以有效地对液体的碰撞计算产生阻挡。

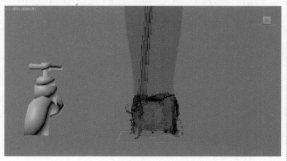

图8-22

8.3.3　制作气泡

01　选择场景中的"PHX模拟器"，在"修改"面板中，展开"泡沫"卷展栏，勾选"启用"选项。

02 按下快捷键N，打开"自动关键点"功能，设置泡沫在液体倒入玻璃杯底部时开始产生。在第0帧时，设置"速率"值为0；在第15帧时，设置"速率"值为0；在第16帧时，设置"速率"值为10，这样，泡沫的产生时间将从场景的第16帧开始。设置完成后，"PHX模拟器"的关键帧显示如图8-23所示。

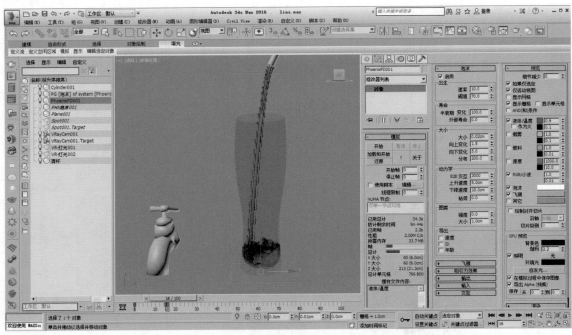

图8-23

03 在"泡沫"卷展栏中，设置泡沫出生的"阈值"为70，在"寿命"组中，设置"半衰期"值为100，在"大小"组中，设置"大小"值为0.02cm，"向上变化"值为1.5，"向下变化"值为5.0，在"动力学"组中，设置"上升速度"的值为5.0cm，如图8-24所示。

04 展开"动力学"卷展栏，在"守恒（不灭）"组中，设置"质量"值为40，在"材质传输（平流）"组中，设置"每帧步数"值为6.0，如图8-25所示。

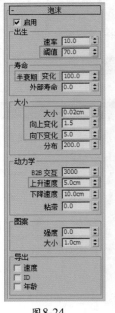

图8-24

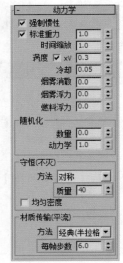

图8-25

05 设置完成后，单击"模拟"卷展栏内的"开始"按钮，进行液体动画计算，即可得到带有泡沫动画的液体计算结果。

06 将"时间滑块"按钮拖动至第15帧，可以看到液体刚刚倒进玻璃杯的底部，这时还没有气泡产生，如图8-26所示。

07　将"时间滑块"按钮拖动至第20帧，可以看到气泡产生出了一些，如图8-27所示。

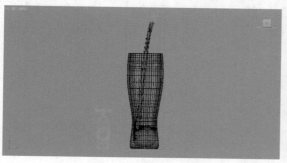

图8-26

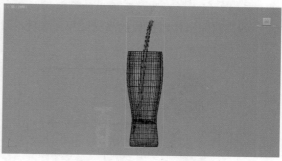

图8-27

08　将"时间滑块"按钮拖动至第46帧，可以看到液体倒进玻璃杯的一半时所产生的大量气泡，如图8-28所示。

09　将"时间滑块"按钮拖动至第230帧，可以看到液体停止倒入玻璃杯后，气泡向上聚集的形态，如图8-29所示。

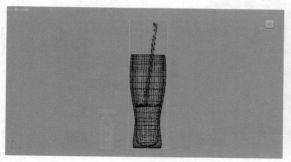

图8-28

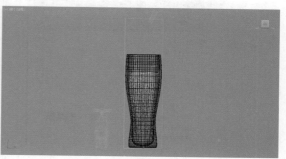

图8-29

8.4　饮料材质制作

01　按下快捷键M，打开"材质编辑器"面板。选择一个空白材质球，更改为VRayMtl材质球，并重命名为"饮料"，如图8-30所示。

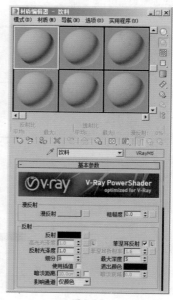

图8-30

02 在"漫反射"组中，设置"漫反射"的颜色为白色（红：255，绿：255，蓝：255），在"反射"组中，设置"反射"的颜色为白色（红：255，绿：255，蓝：255），"反射光泽度"值为0.9，制作出饮料材质的高光效果，如图8-31所示。

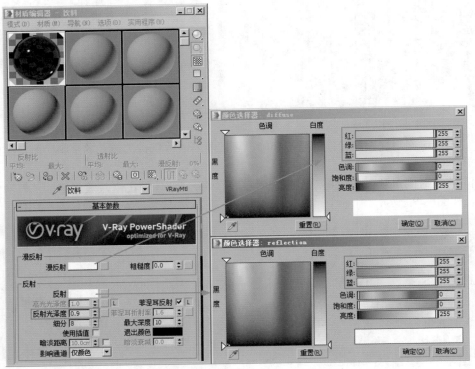

图8-31

03 在"折射"组中，设置"折射"的颜色为白色（红：255，绿：255，蓝：255），"烟雾颜色"的颜色为橙黄色（红：228，绿：155，蓝：15），勾选"影响阴影"选项，设置"烟雾倍增"值为0.3，如图8-32所示。

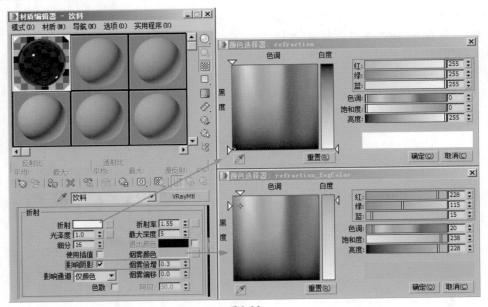

图8-32

04 设置完成后的饮料材质球效果如图8-33所示。

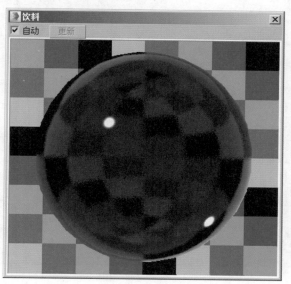

图8-33

05 在场景中，选择"PHX模拟器"对象，在"材质编辑器"面板中单击"将材质指定给选定对象"按钮，将设置好的饮料材质赋予PHX模拟器，如图8-34所示。

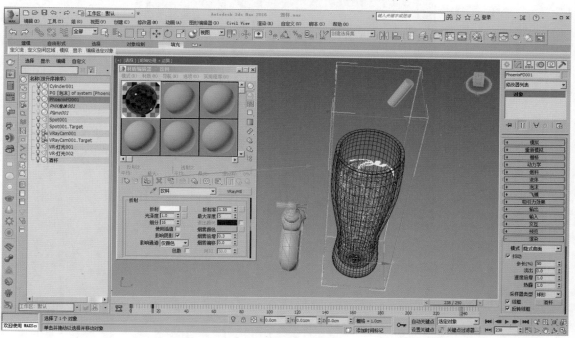

图8-34

06 展开"渲染"卷展栏，设置渲染的"模式"为"隐式曲面"，设置"采样器类型"为"球形"，勾选"线框"选项和"反转线框"选项，并单击"线框"后面的"无"按钮，拾取场景中的玻璃杯模型，如图8-35所示。

07 选择场景中的"PHX泡沫"对象，在"修改"面板中，设置"PHX泡沫"对象的颜色为橙色（红：250，绿：167，蓝：94），如图8-36所示。

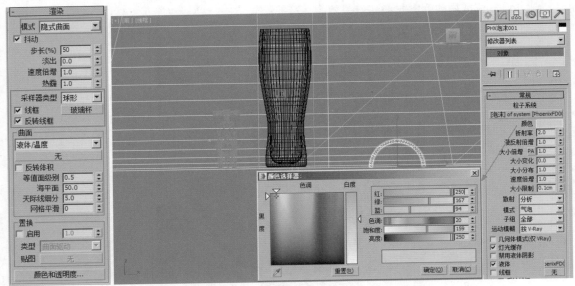

图8-35

图8-36

08 设置完成后，渲染场景，渲染效果如图8-37所示。

图8-37

第9章

火把燃烧特效动画技术

9.1　效果展示及技术分析

本章主要为大家讲解如何在3ds Max中制作效果写实的火焰燃烧的动画特效。需要注意的是，制作这一特效要使用到Chaosgroup公司生产的Phoenix FD火凤凰插件来进行燃烧动画计算。

本章的特效动画最终渲染效果如图9-1所示。

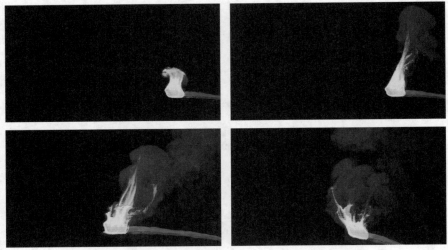

图9-1

9.2　场景介绍

01　启动3ds Max软件，在制作燃烧特效之前，我们先将场景中的单位设置好，本章节是模拟一个小场景的燃烧特写动画，所以场景中的单位设置应该考虑真实世界中的物体对象尺寸需要。

02　执行"自定义"→"单位设置"命令，在弹出的"单位设置"对话框中，设置"显示单位比例"组内的选项为"厘米"，如图9-2所示。

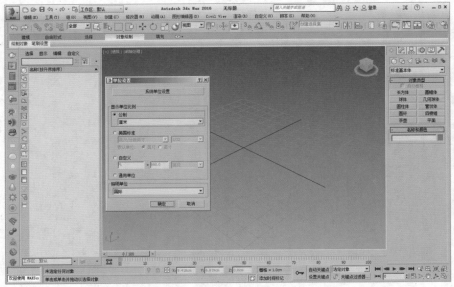

图9-2

03 单击"单位设置"对话框中的"系统单位设置"按钮，在弹出的"系统单位设置"对话框中设置"1单位=1毫米"，如图9-3所示。

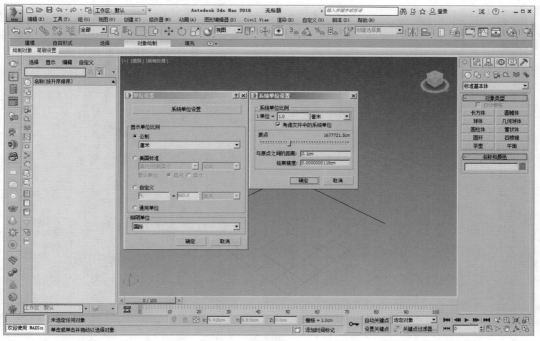

图9-3

04 单位设置完成后，就可以进行接下来的场景模型制作了。

9.3 火把模型制作

01 在"创建"面板中，单击"圆柱体"按钮，在场景中绘制一个圆柱体模型，如图9-4所示。

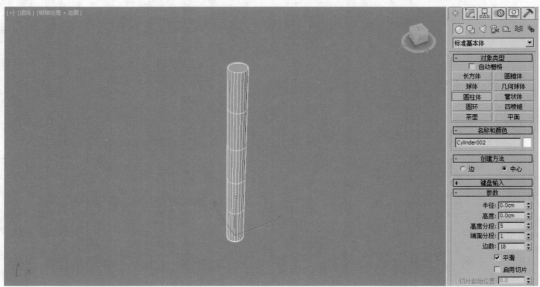

图9-4

02 在"修改"面板中，设置圆柱体的"半径"值为3cm，"高度"值为75cm，"高度分段"值为1，如图9-5所示。

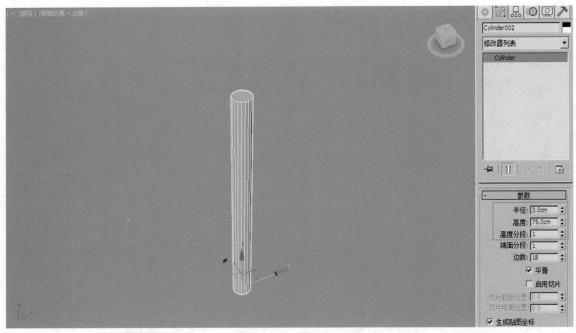

图9-5

03 选择圆柱体模型，单击鼠标右键，在弹出的快捷菜单上执行"转换为"→"转换为可编辑多边形"命令，将其转换为可以编辑的多边形对象，如图9-6所示。

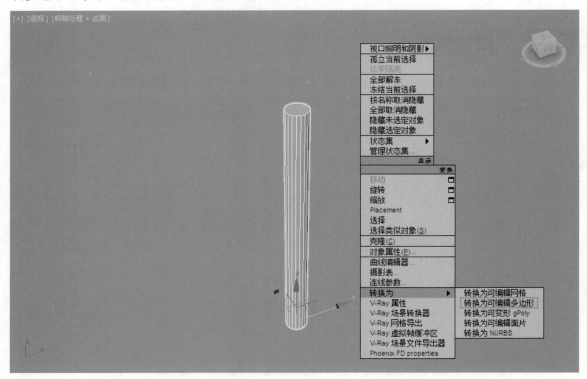

图9-6

04　按下快捷键4，进入"多边形"子层级，选择图9-7所示的面。

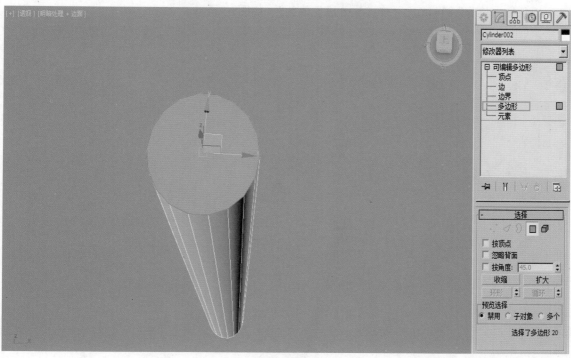

图9-7

05　单击鼠标右键，在弹出的快捷菜单中选择"转换到边"命令，如图9-8所示。

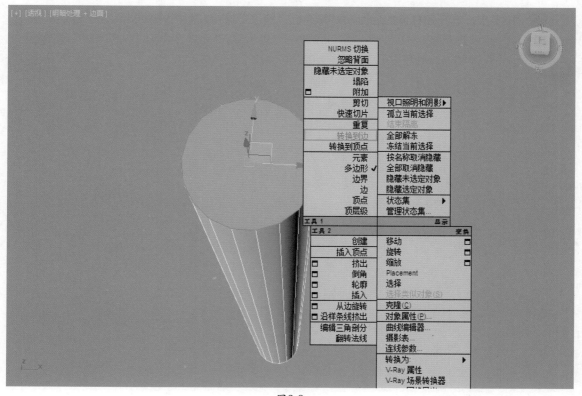

图9-8

06 再次单击鼠标右键，在弹出的快捷键菜单中选择"切角"命令，并设置"切角"命令的"边切角量"值为0.854cm，"连接边分段"值为3，如图9-9所示。

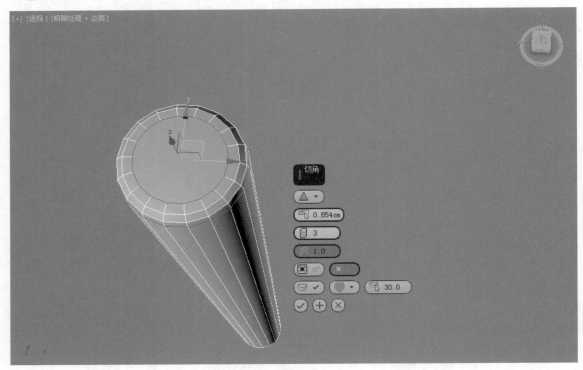

图9-9

07 接下来，选择圆柱体的底面，对其进行"缩放"操作，如图9-10所示。

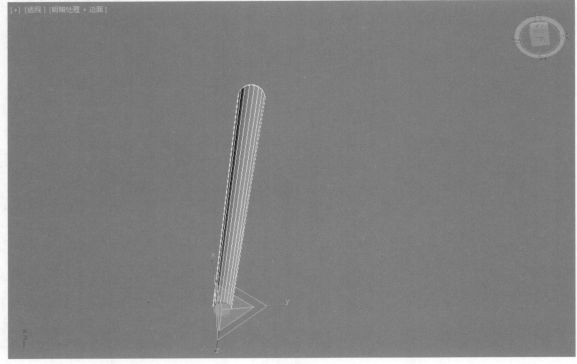

图9-10

08 选择图9-11所示的边，单击鼠标右键，在弹出的快捷菜单中选择"连接"命令，如图9-11所示。

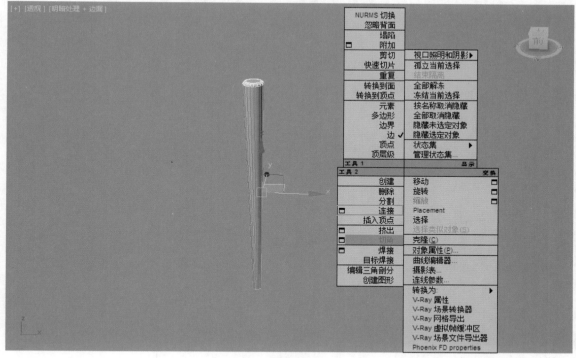

图9-11

09 设置连接边的"分段"值为65，增加边的数量，如图9-12所示。

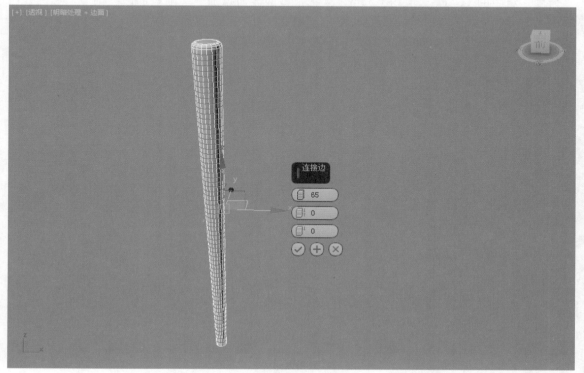

图9-12

10 设置完成后，旋转整个模型，如图9-13所示。

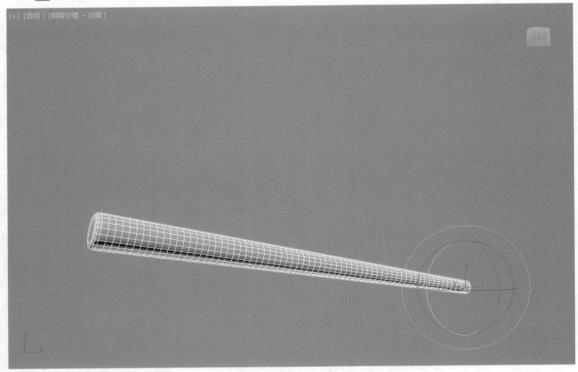

图9-13

11 在"修改"面板中，为火把模型添加"噪波"修改器，并设置其"比例"值为27.93，"强度"组中的X、Y、Z值均为3cm，火把模型的表面添加一些随机的凹凸细节，如图9-14所示。

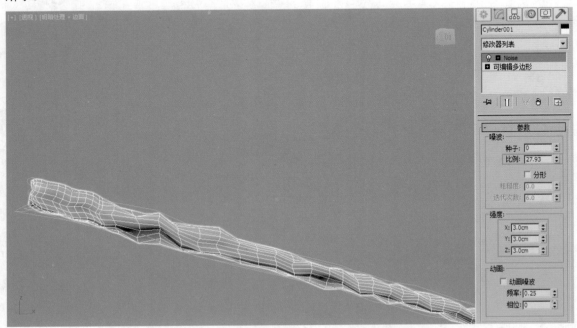

图9-14

12 在"修改"面板中，为火把模型添加"扭曲"修改器，并设置"扭曲"的"角度"值为
86，为火把模型添加一点扭曲的形态，如图9-15所示。

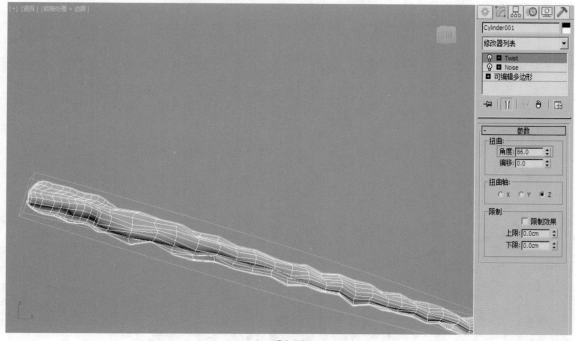

图9-15

13 在"修改"面板中，为火把模型添加"弯曲"修改器，并设置"弯曲"的"角度"值
为-17.5，为火把模型添加一点弯曲的形态细节，如图9-16所示。

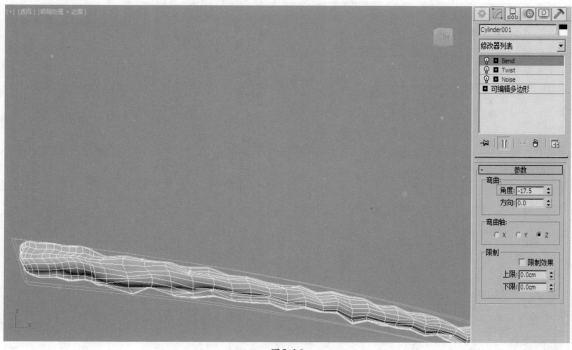

图9-16

[14] 制作完火把模型后，进入其"多边形"子层级，随机选择火把头部的一些面，设置其ID
为2，以便后期进行火焰燃烧动画的制作时，设置火焰仅在火把模型上ID号为2的面上进行生成，
如图9-17所示。

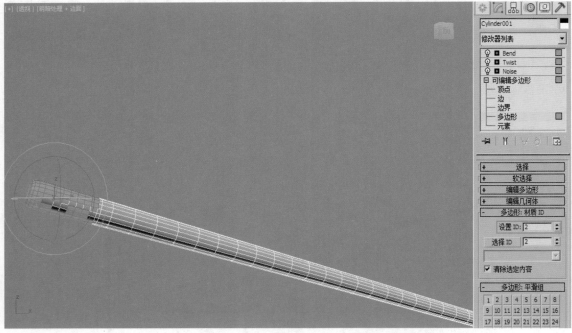

图9-17

[15] 设置完成后，火把的模型就制作完成了，如图9-18所示。

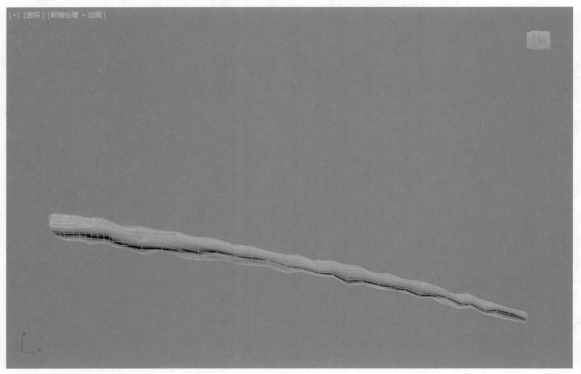

图9-18

9.4 火焰燃烧效果制作

9.4.1 创建火焰发射装置

01 将"辅助对象"面板的下拉列表选项切换至"PhoenixFD",如图9-19所示。

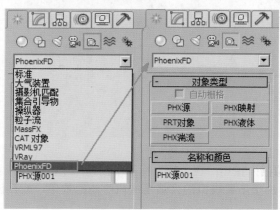

图9-19

02 单击"PHX源"按钮 [PHX源]，在场景中创建一个外形酷似燃料桶模型的"PHX源"对象，如图9-20所示。

图9-20

03 在"修改"面板中，单击"添加"按钮，将场景中的火把模型添加进来，设置"如果非实体"的选项为"注入"，"排出（速度）"值为200，如图9-21所示。

04 将"创建"面板的下拉列表选项切换至"PhoenixFD"，如图9-22所示。

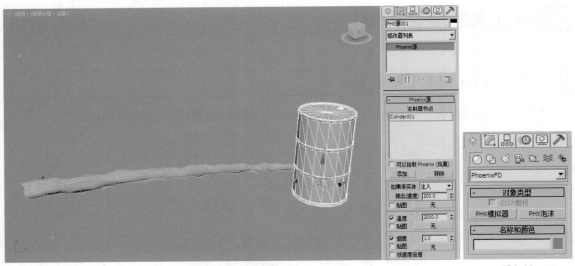

图9-21   图9-22

05   单击"PHX模拟器"按钮，在"顶"视图中创建一个PHX模拟器，PHX模拟器的大小如图9-23所示。在本例中，由于所要模拟的火焰是被风吹动的效果，故在创建PHX模拟器时，PHX模拟器的尺寸要略长一些。

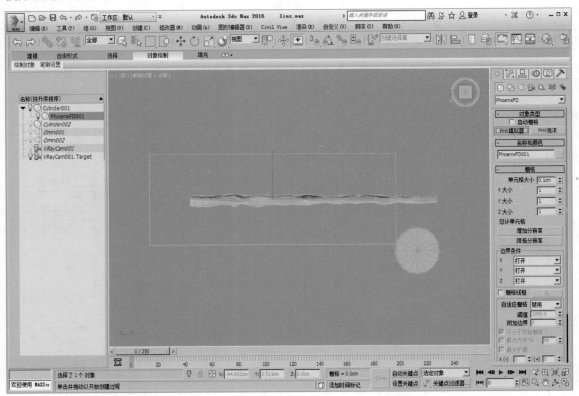

图9-23

06   在"前"视图中，调整PHX模拟器的位置至图9-24所示，只需要将火把的靠前部分包括进来即可。

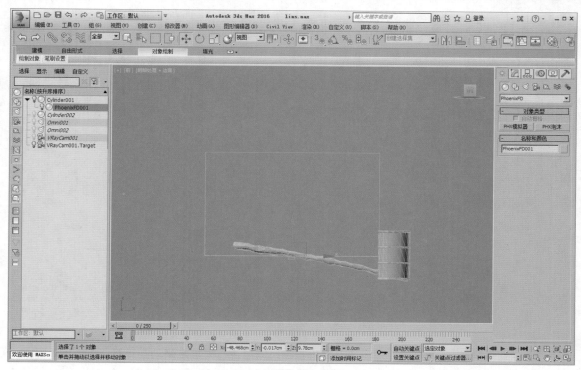

图9-24

07 在"修改"面板中，展开"栅格"卷展栏，设置"单元格大小"值为0.244cm，"X大小"值为300，"Y大小"值为105，"Z大小"值为183，设置完成后，可以看到"总计单元格"数值为5764500，如图9-25所示。

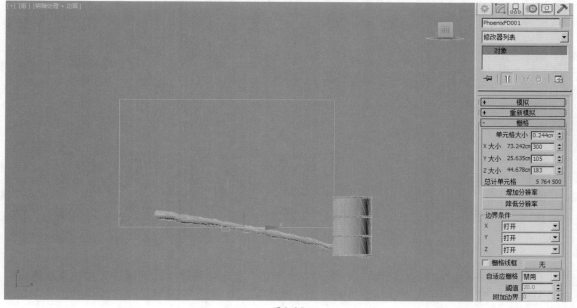

图9-25

08 展开"动力学"卷展栏，在"守恒（不灭）"组中，设置"方法"为"平滑"选项，"质量"值为40，如图9-26所示。

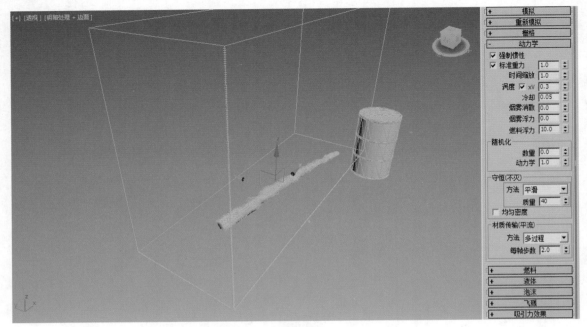

图9-26

09 展开"模拟"卷展栏,单击"开始"按钮,即可进行火焰燃烧动画计算,如图9-27所示。

图9-27

10 经过一段时间的动画计算后,即可在"透视"视图中拖动"时间滑块"按钮来观察火焰的计算形态。图9-28所示为第26帧的火焰形态计算结果。

11 通过现在的计算结果来看,火焰上所产生的烟雾有些过于浓厚。虽然火把燃烧时会产生一定程度的烟,但是很显然不是现在我们看到的这种浓烟。

12 在场景中选择"PHX源"对象,在"修改"面板中,取消勾选"烟雾"选项,如图9-29所示。

图9-28

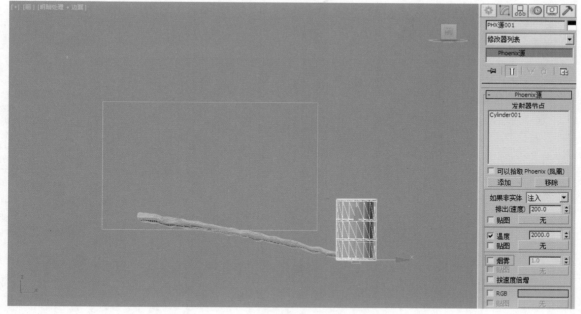

图9-29

13　在场景中选择"PHX模拟器"对象，在其"修改"面板中再次单击"开始"按钮，重新对火把的燃烧动画进行计算。

14　经过一段时间的计算后，图9-30所示依然为第26帧的火焰形态计算结果，从计算结果上看，火把的燃烧动画里已经没有之前那么浓厚的烟雾产生。图9-31所示为第180的火焰计算结果。

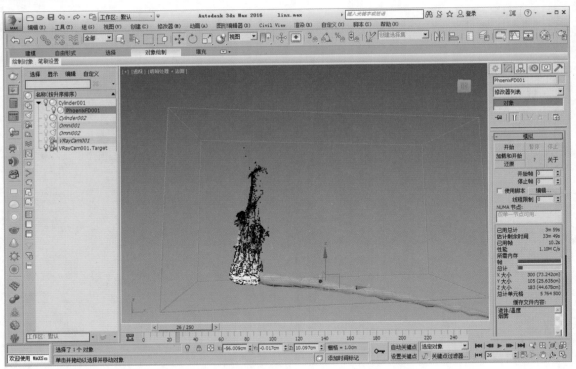

图9-30

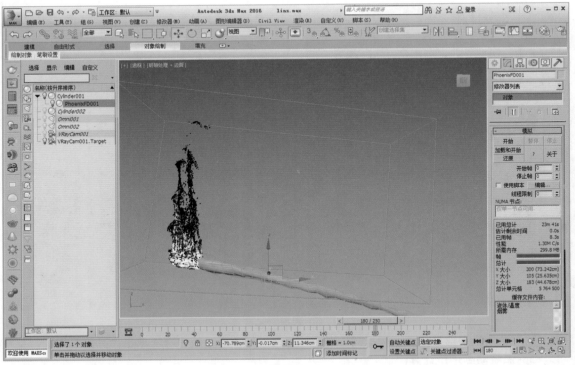

图9-31

15 从以上计算结果来看，火焰的燃烧形态基本上都是垂直向上的，燃烧形态比较单一，下面我们来一起给燃烧动画添加一些细节控制。

9.4.2 设置火焰燃烧的细节

01 在创建"辅助对象"面板中,单击"PHX湍流"按钮,在场景中创建一个"PHX湍流"对象,如图9-32所示。

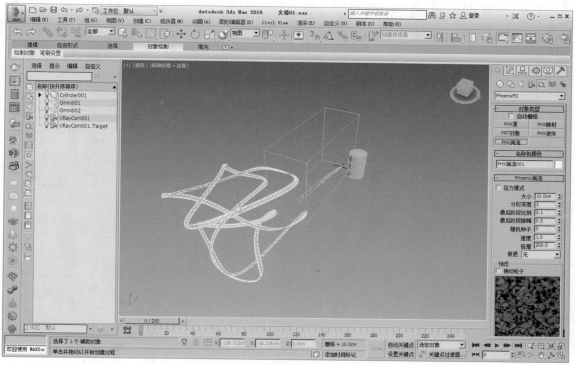

图9-32

02 在"修改"面板中,展开"Phoenix湍流"卷展栏,勾选"压力模式"选项,设置"大小"值为60.137cm,"倍增"值为20,如图9-33所示。

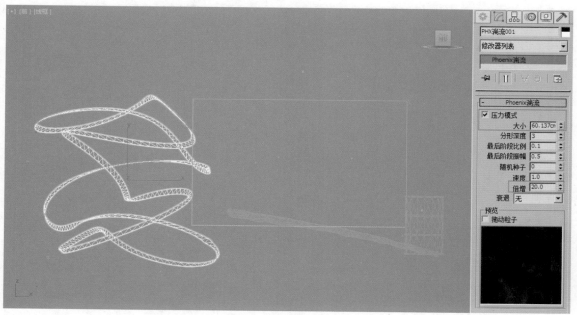

图9-33

03 设置完成后，选择场景中的"PHX模拟器"对象，在其"修改"面板中再次单击"开始"按钮，重新对火把的燃烧动画进行计算，经过一段时间的火焰燃烧计算后，计算结果如图9-34所示，火焰的形态产生了一些比较随机的变化。

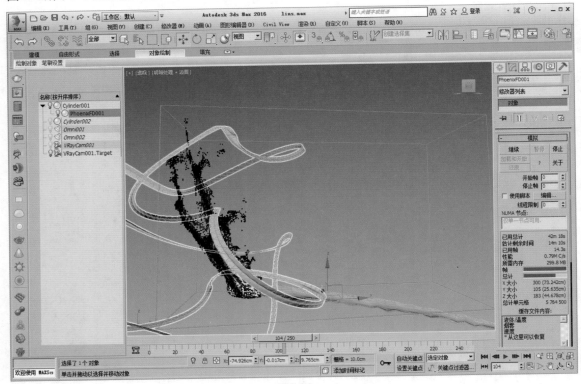

图9-34

04 在创建"空间扭曲"面板中，单击"风"按钮，在场景中创建一个风的图标，如图9-35所示。

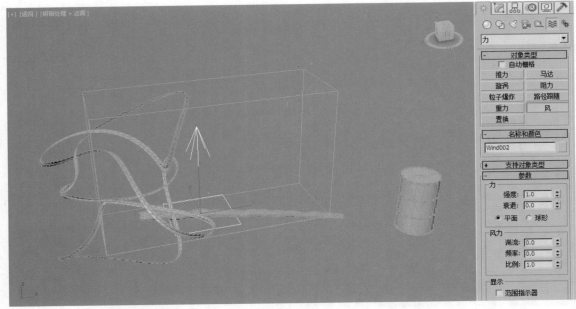

图9-35

05　按下快捷键E，对风进行旋转操作至图9-36所示，控制火焰的燃烧方向。

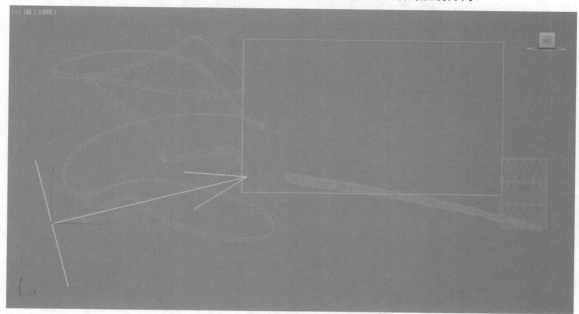

图9-36

06　在"修改"面板中，设置风的"强度"值为8，"湍流"值为5，"频率"值为5，"比例"值为0.02，如图9-37所示。

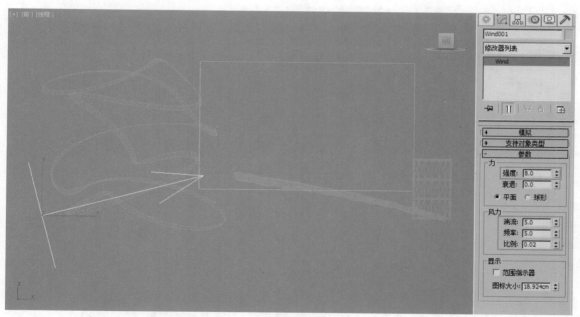

图9-37

07　在3ds Max软件界面的右下方，单击"时间配置"按钮，在弹出的"时间配置"对话框里，设置场景中的时间长度为250帧，设置完成后，单击"确定"按钮关闭该对话框，如图9-38所示。

08　按下快捷键N，打开"自动关键点"功能。将"时间滑块"按钮拖动至第33帧，对风的"强度"设置动画关键帧，如图9-39所示。

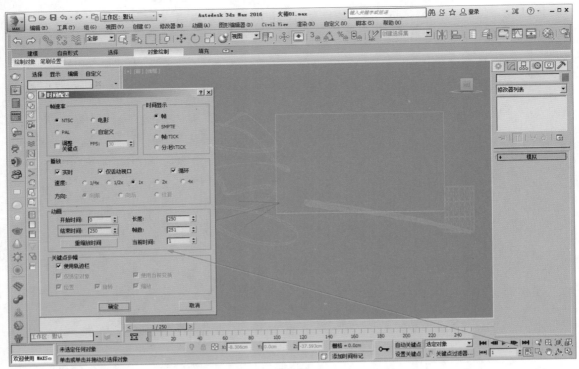

图9-38

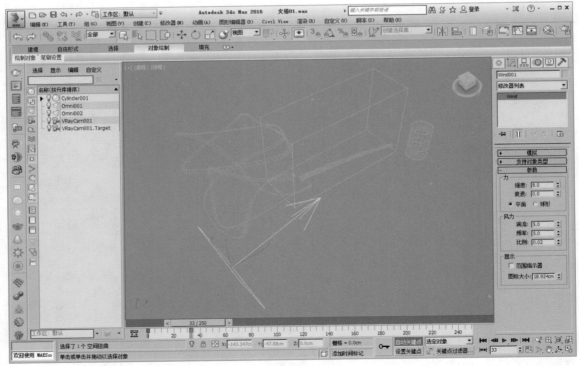

图9-39

09 将"时间滑块"按钮拖动至第80帧，将风的"强度"值设置为0，如图9-40所示。

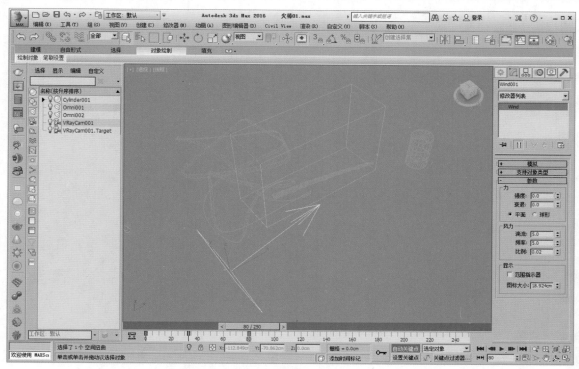

图9-40

10 将"时间滑块"按钮拖动至第130帧，将风的"强度"值设置为5，如图9-41所示。

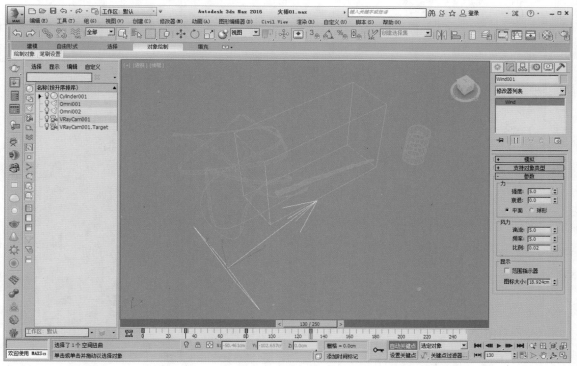

图9-41

11 将"时间滑块"按钮拖动至第184帧，将风的"强度"值设置为0，如图9-42所示。

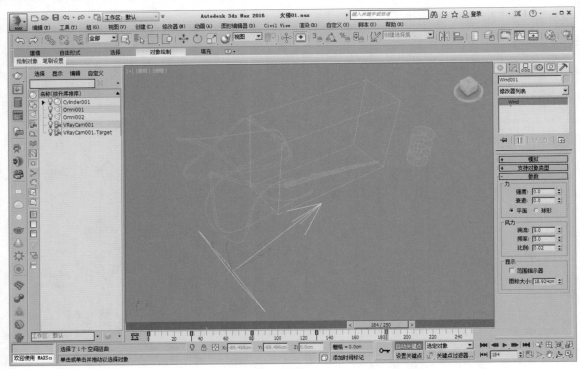

图9-42

12 将"时间滑块"按钮拖动至第202帧，将风的"强度"值设置为7，如图9-43所示。

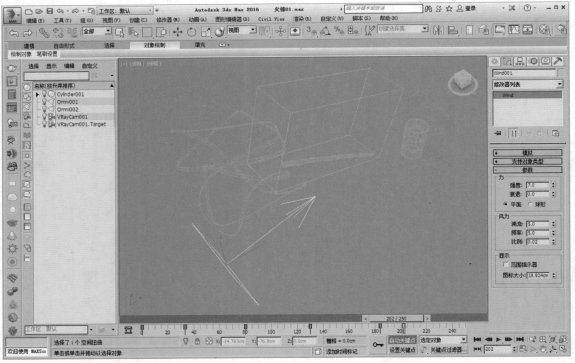

图9-43

13 风的动画关键帧在"曲线编辑器"中的曲线显示如图9-44所示。

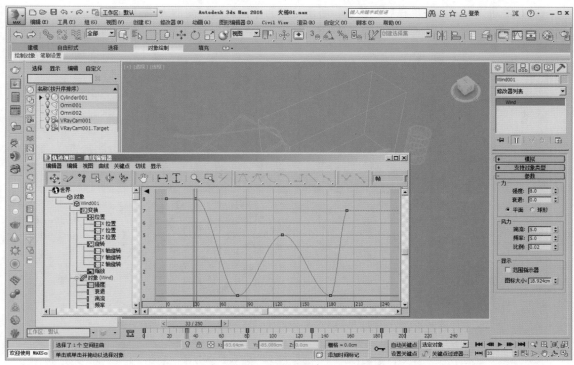

图9-44

14 设置完成后，选择场景中的"PHX模拟器"对象，在其"修改"面板中再次单击"开始"按钮，重新对火把的燃烧动画进行计算，经过一段时间的火焰燃烧计算后，计算结果如图9-45所示，即为火焰的形态在风的影响下所产生的计算结果。

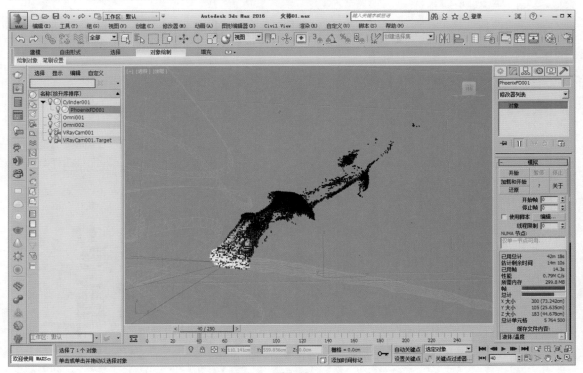

图9-45

15 拖动"时间滑块"按钮，图9-46所示分别为不同时间帧内的火焰计算形态。

图9-46

9.5 渲染设置

01 在创建"摄影机"面板中，单击"VR-物理摄影机"按钮，在"顶"视图中创建一个"VR-物理摄影机"，如图9-47所示。

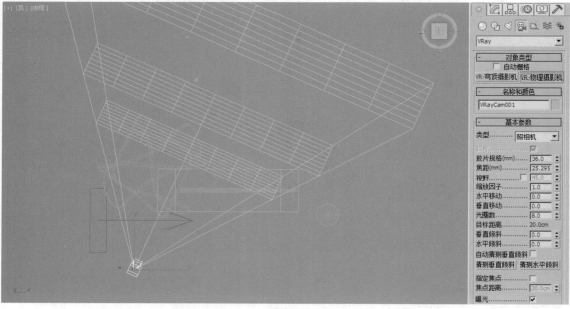

图9-47

02 按下快捷键L，在"左"视图中，调整"VR-物理摄影机"的位置至图9-48所示。

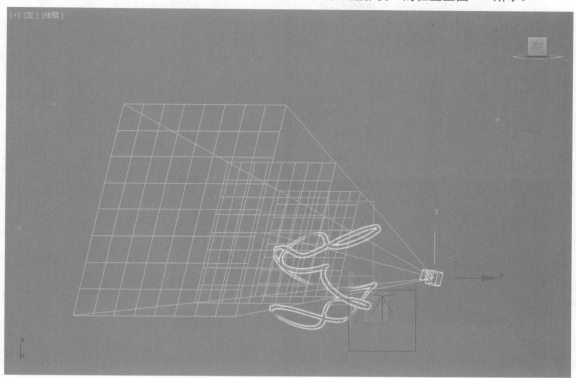

图9-48

03 按下快捷键C，进入"摄影机"视图，观察"VR-物理摄影机"的角度，如图9-49所示。

图9-49

04 设置完成后，渲染"摄影机"视图，渲染结果如图9-50所示，火焰的颜色看起来较暗，并且火把模型完全都看不到。

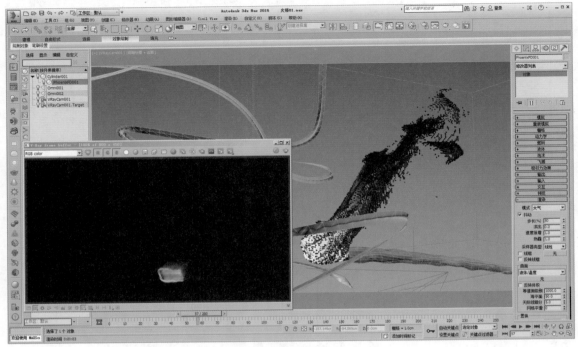

图9-50

05 选择场景中的摄影机，在"修改"面板中，设置"快门速度（S ^ -1）"值为5，"胶片速度（ISO）"值为200，如图9-51所示。

图9-51

06 设置完成后，再次渲染摄影机视图，渲染效果如图9-52所示。通过这次渲染效果可以看到，火把模型已经可以渲染出来了，但是火焰的效果还很不理想。

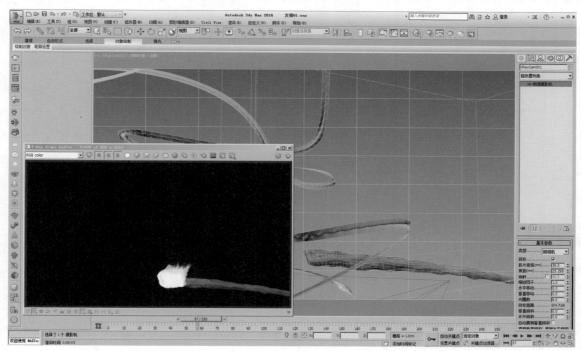

图9-52

07　选择场景中的"PHX模拟器"对象，在"修改"面板中，展开"渲染"卷展栏，单击"颜色和透明度"按钮，打开"PhoenixFD：渲染参数"面板，如图9-53所示。

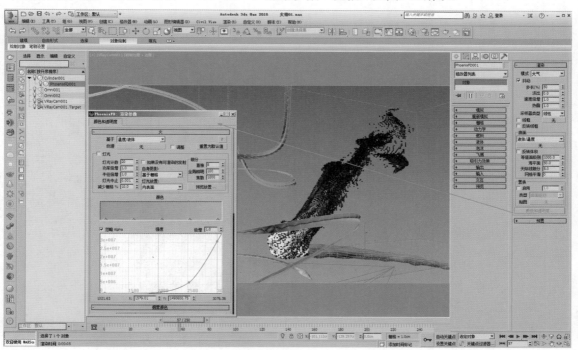

图9-53

08　在"PhoenixFD：渲染参数"面板中，将"火"卷展栏内的"强度"曲线调整至图9-54所示。调整完成后，渲染图像，即可看到火焰出现了较为完整的形态。

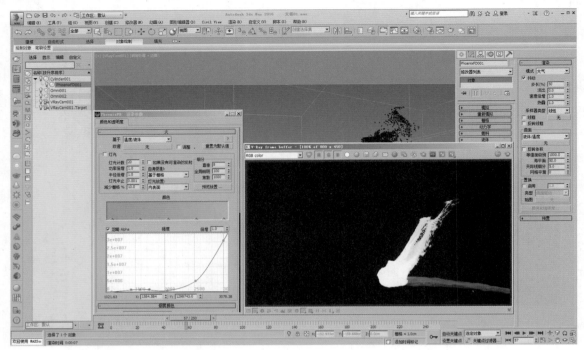

图9-54

09 接下来，将"强度"的"倍增"值设置为0.04，降低火焰的亮度，再次渲染场景，渲染效果如图9-55所示。

图9-55

10 在"灯光"组中，勾选"灯光"前面的选项，由于本例中火焰的形态较为细长，故可以适当降低"灯光计数"的灯光数量，在这里设置"灯光计数"值为15，"细分"组内的"直接"值设置为16，为火焰的照明效果设置细节，如图9-56所示。

11 火焰的形态有了，下面可以调整一下火焰所产生的烟雾效果。之前，将"PHX源"对象内的"烟雾"选项关闭后，在"PHX模拟器"对象内就取消了火焰的烟雾产生计算，但是这并不妨碍我们控制烟雾的渲染。在"PhoenixFD：渲染参数"面板中，展开"烟雾密度"卷展栏，将"烟雾密度"的"基于"方式更改为"温度/液体"选项，并调整"透明度/不透明度图表"的曲线至图9-57所示，增加烟雾的密度。

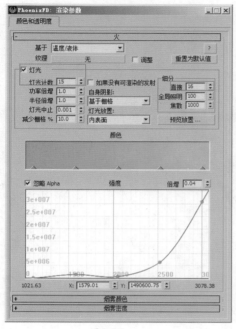

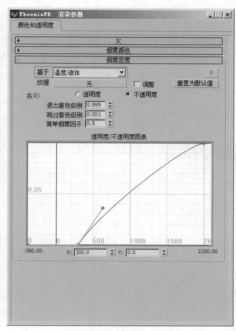

图9-56   图9-57

12 设置完成后，渲染场景，渲染效果如图9-58所示，可以看到火焰的上方已经有烟雾产生。

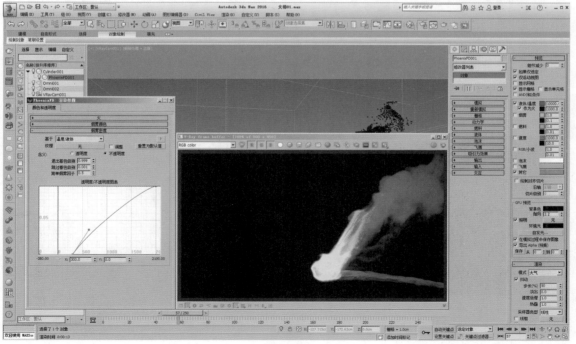

图9-58

13 展开"烟雾颜色"卷展栏,单击"简单颜色"参数后的"取色器",在弹出的"颜色选择器:简单颜色"对话框中,可以设置烟雾的色彩,在本例中设置烟雾的颜色为深灰色(红:12,绿:12,蓝:12),如图9-59所示。

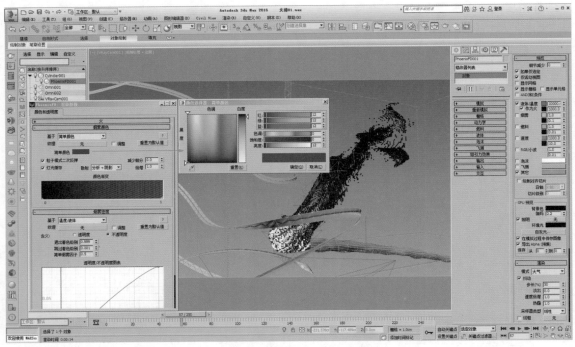

图9-59

14 设置完成后,再次渲染场景,渲染效果如图9-60所示。

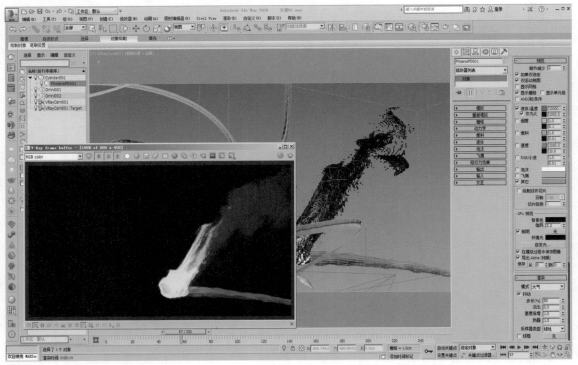

图9-60

15 烟雾设置完成后，展开"火"卷展栏，设置"自身阴影"的选项为"光线跟踪"，这样烟雾的阴影计算会更加精确，并且在烟雾中可以看到火光穿透的细节效果，如图9-61所示。图9-62所示分别为"自身阴影"选项是默认的"基于栅格"和"光线跟踪"下，最终渲染图像的效果对比。

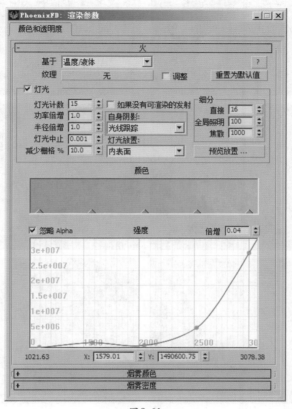

图9-61

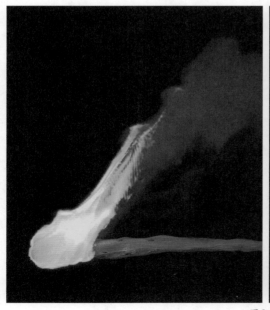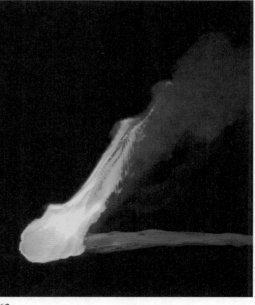

图9-62

16 本案例的动画渲染序列最终效果如图9-63所示。

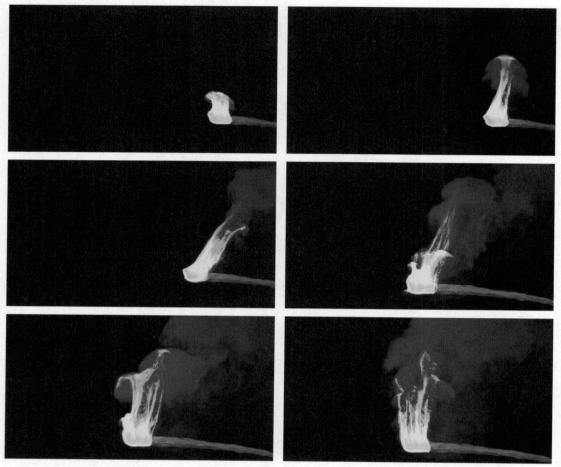

图9-63